METROS Y CRONÓMETROS RELATIVISTAS
Luz y Tiempo

JAIME KARLES y PATRICIA ROJAS

Publicado por Ibukku
www.ibukku.com
Diseño y maquetación: Índigo Estudio Gráfico
Copyright © 2018 JAIME KARLES y PATRICIA ROJAS
ISBN Paperback: 978-1-64086-171-8
ISBN eBook: 978-1-64086-172-5
Library of Congress Control Number: 2018943103

ÍNDICE

ACERCA DE LOS AUTORES

JAIME ALBERTO KARLES GÓMEZ
Ingeniero Químico
Profesor Asociado[1] Escuela de Física – Facultad de Ciencias.
Universidad Nacional de Colombia- Sede de Medellín.
e-mail: jaikargo@gmail.com
Dirección: Diagonal 75 A N° 2-50 Urbanización Kalamari 2,
casa 70-112
celular: 3218307271

HILDA PATRICIA ROJAS NARANJO
Física teórica
Departamento de Física - Facultad de Ciencias.
Universidad de Antioquia – Medellín (Colombia).
e-mail: patoronaoo@gmail.com
Dirección: Diagonal 75 A N° 2-50 Urbanización Kalamari 2,
casa 70-112
teléfono: (574)56667

---

1 Jubilado.

INTRODUCCIÓN

Este trabajo está dirigido a las personas que intentan comprender la cinemática relativista desde un punto de vista clásico.

Con base en las experiencias de la vida cotidiana, es difícil aceptar que un pulso luminoso se aleje de un observador con la misma rapidez, independientemente del estado de movimiento de dicho observador. Si se quiere alcanzar un objeto que huye es mejor perseguirlo que permanecer sentado.

Con ayuda de ese postulado sobre la luz se pretende explicar que el ritmo de un cronómetro es más lento cuando está en movimiento que cuando permanece en reposo. Con este postulado también se pretende justificar el acortamiento de un segmento al pasar del reposo al movimiento.

Pero, entonces, aparecen las preguntas:¿cómo se determina el ritmo de un cronómetro?¿cómo se mide la longitud de un segmento móvil? Luego aparecen los interrogantes concernientes al movimiento: un cuerpo que se mueve ¿está en reposo en cada instante? Si es así ¿cuánto dura ese instante?

Cuando se estudia el movimiento ¿debemos relacionar el espacio con el tiempo? ¿O lo que realmente relacionamos es *la medida* del espacio, o sea una longitud, y la *medida* del tiempo, es decir, una duración?. Si es esto último, la relación encontrada no es del espacio ni del tiempo, sino de las longitudes y las duraciones, lo cual depende del proceso de medición y de las unidades de medida empleadas, no del propio espacio ni del propio tiempo.

Así, por ejemplo, si el día de hoy alguien llena una jarra con cinco tazas de agua, y mañana la llena solamente con cuatro, podría pensarse que la jarra se encogió. Pero esa opción desaparece si se toma en cuenta que en ambos casos no se han empleado tazas de igual capacidad. Algo similar ocurre con la medida de un lapso temporal: si no se tiene en cuenta el tamaño de las unidades de tiempo empleadas para medirlo, puede pensarse que el tiempo se dilata al medir un mismo lapso con una unidad más pequeña, confundiendo la medida del lapso con el tiempo mismo. Para medir el lapso temporal en un sistema, hay que explicar cómo funciona el cronómetro que lo mide. Lo mismo ocurre si se trata de medir una longitud: debe especificarse el funcionamiento del distanciómetro. Sólo conociendo la forma en que operan los dispositivos de medida se puede establecer la relación entre las *medidas* hechas por ellos en diferentes sistemas.

Nuestro planteamiento intenta mostrar que un lapso temporal tiene un valor numérico diferente al ser evaluado con unidades de diferente tamaño. Igual ocurre con la longitud de un segmento, la cual presenta un menor valor numérico cuando se mide con una unidad de mayor tamaño.

Conscientes de lo anterior, en esta obra se ha tratado de mostrar cómo se relacionan las medidas de lapsos temporales e intervalos espaciales, hechas en diferentes sistemas de referencia, empleando procedimientos aritméticos sencillos, fundamentados en las unidades que tiene cada sistema.

PRÓLOGO

En estos diálogos se analiza el tema de la cinemática relativista desde el punto de vista de la física clásica, según la cual tanto el espacio como el tiempo existen independientemente de las medidas que de ellos se hagan. A su vez, la cinemática se ocupa de dichas *medidas*, lo cual tiene que ver con el procedimiento empleado para realizarlas. El funcionamiento del dispositivo de medida y las unidades empleadas en cada sistema son los aspectos determinantes en el resultado de dichas mediciones.

El empleo de la luz para determinar, tanto las unidades de tiempo como las de distancia, exige revisar algunos conceptos relativos a la propagación luminosa en el vacío. Uno de ellos es que la luz se origina en la materia, pero se propaga en el vacío, el cual carece de partes identificables, por lo que no se le puede atribuir movimiento alguno, ni puede tomarse como referente de los movimientos. Complementando al vacío está la materia, en la cual se origina y finaliza el fenómeno luminoso. Está establecido, además, que la materia emite, absorbe o refleja la luz, pero no le sirve como medio de propagación. Ella solo se evidencia cuando ilumina partículas opacas que se interponen en su camino. Lo que realmente se ve son las partículas iluminadas y no la propia luz reflejada por ellas. Es entonces en los sistemas materiales donde se puede medir esa velocidad de propagación luminosa.

A partir de estas ideas, y dentro de un razonamiento clásico, es posible deducir la relación entre las medidas de longitud y tiempo hechas desde dos sistemas en movimiento relativo. También se logra obtener el desfase entre cronómetros del sistema móvil, así como la fórmula para componer velocidades con unidades diferentes.

La presentación de los nuevos planteamientos a lo largo de la obra se realiza mediante el diálogo de tres personajes: *Kreiva*, quien aporta ideas novedosas o nuevas formas de análisis, *Fiskajn*, el cual participa como defensor de la ciencia clásicamente establecida, y Novulo, cuyas intervenciones pretenden resaltar algún detalle importante de la exposición.

Esperamos que esta obra pueda aportar mayor claridad a un tema que lleva más de un siglo de discusión, y sirva de inspiración a las nuevas generaciones de pensadores críticos y creativos, que con sus ideas novedosas puedan traer claridad conceptual a esta rama de la ciencia.

Capítulo 1
Una instantánea del universo

¿Existe un instante para todo el Universo?

Novulo: ¡Qué hermosa fotografía han tomado del cielo!

Kreiva: Sí, debió haber sido con un telescopio enorme.

Fiscajn: Parece ser de cuerpos celestes muy distantes de la Tierra.

Kreiva: Se dice que desde esos cuerpos viajó la luz hacia la Tierra durante miles de años.

Novulo: ¿Cómo así? ¿la luz fue emitida hace muchos años, o proviene de cuerpos que están muy distantes?

Kreiva: Son dos maneras de especificar la distancia.

Fiscajn: Así es. Incluso se acostumbra medir las distancias astronómicas por la demora de la luz en recorrerlas.

Kreiva: Exactamente. De ahí viene el nombre de año-luz para la distancia que recorre la luz durante un año.

Novulo: Entonces ¿se puede decir que la distancia del Sol a la Tierra es de ocho minutos-luz?

Kreiva: Correcto. Esto se debe a que la luz proveniente del Sol se demora ocho minutos para recorrer la distancia que lo separa de la Tierra.

Fiscajn: Cuando se observa el cielo nocturno a través de un telescopio, la luz que llega a este en un momento determinado ha viajado durante mucho tiempo.

Kreiva: Esto es cierto si dicha luz procede de cuerpos muy lejanos.

Novulo: Pero, entonces ¿cuánto lleva viajando la luz procedente de los diversos cuerpos celestes hasta llegar al telescopio?

Kreiva: Realmente no toda la luz que llega en un instante dado tiene la misma edad, pues una parte de ella es muy antigua, mientras que otra es muy reciente.

Fiscajn: Sí, la luz que proviene de lugares cercanos es mucho más joven que aquella proveniente de lugares muy lejanos.

Novulo: O sea que, la que procede de lugares muy lejanos ¿debió haber salido hace mucho tiempo antes de poder llegar al telescopio?

Kreiva: Así es. Por ejemplo, la luz que sale de Júpiter en este preciso instante no es la que acaba de llegar.

Novulo: Entonces, en este momento se ve lo que ocurrió en Júpiter hace un rato ¿pero no lo que está ocurriendo ahora?

Kreiva: Así es. Y la luz procedente de la Luna permite ver, desde la Tierra, lo que ocurrió en su superficie hace poco más de un segundo.

Novulo: De acuerdo con lo que se está diciendo ¿no es posible ver lo que pasó en el Sol hace dos minutos, por ejemplo?

Kreiva: No, no es posible. En la Tierra se puede ver lo que sucede en el Sol solo después de ocho minutos de haber ocurrido allá.

Novulo: ¿No se puede lograr empleando un telescopio más potente?

Kreiva: No. Con uno más potente solo se mejoraría la nitidez de las imágenes ya que se aumentaría la cantidad de luz que recoge el telescopio.

Fiscajn: Así es. También se podría mejorar la sensibilidad de la película empleada para tomar las fotografías.

Kreiva: Cierto. Pero, aun así, por potente que sea el telescopio no afectaría en lo más mínimo la velocidad con que la luz se acerca a este.

Novulo: O sea que, por grande y moderno que sea el telescopio ¿no se puede ver lo que sucede en el Sol sino después de ocho minutos?

Kreiva: Efectivamente. Es como una especie de cortina temporal que no permite ver lo que ocurre en el Sol con una demora menor a esta.

Fiscajn: Mejorando el telescopio es posible ver astros o nebulosas más lejanas, o astros que antes no se veían a través de telescopios menos poderosos.

Kreiva: Sí, pero no es posible disminuir la antigüedad de la información procedente de ellos.

Novulo: Entonces ¿las imágenes que aparecen en las fotos que toma el telescopio corresponden a diferentes épocas?

Fiscajn: Por supuesto que sí. Para llegar a la Tierra, los rayos que recorrieron mayores distancias tuvieron que salir antes que los rayos procedentes de puntos más próximos.

Kreiva: Así es. La luz que llega a la Tierra desde el espacio, en un momento dado, proviene de astros ubicados a diferentes distancias de esta, y por lo tanto contiene rayos de diferente antigüedad.

Novulo: Pero ¿cuál momento del Universo representa la fotografía tomada por el telescopio?

Kreiva: Para quien la tomó representa el momento de tomarla, pero en la foto quedan representados, a la vez, diferentes momentos del Universo.

Novulo: ¿Qué pasa si con el telescopio se observa el mismo astro durante 30 días?

Kreiva: Pues se vería lo que ocurrió durante 30 días en ese astro algún tiempo atrás.

Novulo: ¿Se puede afirmar que, si la Tierra es observada desde alguna parte del Universo, alejada miles de años-luz, es posible ver desde allí su pasado?

Kreiva: ¡Así es! Por ejemplo, si se observa desde una distancia aproximada de dos mil años-luz, se podría ver lo que ocurría en la antigua Roma.

Novulo: ¿Cómo lo que hacía Calígula?

Kreiva: Sí, y también lo que hacía Claudio, su abuelo Tiberio y muchos otros.

Novulo: Es decir, cuando se observa el cielo ¿lo que llega es una historia donde cada punto brillante corresponde a una época diferente?

Kreiva: Así es. No es posible tener una representación del mismo instante para los diferentes puntos del cielo que se estén mirando, porque de cada uno de ellos se reciben imágenes que corresponden a instantes diferentes.

Fiskajn: Exacto. Una foto del cielo no muestra su estado en un momento dado, ya que no existe ese instante común para todos los puntos que forman la imagen.

Kreiva: Lo que muestra la fotografía es cómo se ve desde la Tierra; o sea, esa zona del cielo en el preciso momento en que se hace el registro fotográfico.[2]

---

2 Ese momento incluiría el año, mes, día y hora GMT en la Tierra.

Capítulo 2
Duración de los instantes

El instante puntual, sin duración, no existe realmente.

Kreiva: Es preciso comenzar hablando del tiempo.

Fiskajn: Bien. Se dice que los sucesos ocurren en un instante del tiempo y en un punto del espacio.

Kreiva: Cierto. Es como si el instante fuera para el tiempo lo que el punto es para el espacio.

Fiskajn: Pero el tiempo presenta tres facetas que son pasado, presente y futuro.

Kreiva: Así es. El pasado existió cuando fue presente, pero cuando ya es pasado solo estará en la memoria, en los libros, en las grabaciones.

Fiskajn: Mientras que el futuro todavía no existe. Existirá cuando se vuelva presente, se actualice.

Novulo: Entonces, un instante dado ¿solo tiene presente, o acaso tiene alguna duración?

Kreiva: Si el instante tiene duración, entonces debe asumirse que tiene cierto ancho temporal, ya que está compuesto de hechos que luego de haber ocurrido ya pertenecen al pasado, y también de otros hechos que aún faltan por ocurrir.

Novulo: ¡Sería entonces una mezcla de pasado, presente y futuro!

Kreiva: Exacto. Esto se vería con mayor claridad si se usara un cronómetro cuyo puntero más rápido tardara una hora para pasar de una división a la siguiente.

Fiskajn: En este caso el instante duraría una hora.

Novulo: Pero a lo largo de una hora podrían ocurrir muchas cosas.

Kreiva: Sí; además, para tal instante, al transcurrir lo que ahora se denomina 30 minutos, han ocurrido hechos que ya pertenecen al pasado.

Fiskajn: Mientras que aún faltan por ocurrir otra cantidad de hechos durante los próximos 30 minutos.

Novulo: ¡Pero sería absurdo pensar que un instante dura una hora!

Kreiva: No, solo se trataría de un registro con unidades de tiempo **muy** grandes.

Fiskajn: El problema es que este tipo de unidades no permite hacer registros temporales de fenómenos que transcurren en solo pocos minutos o pocos segundos.

Kreiva: Pero si el puntero del cronómetro es muy rápido también se tendrían problemas para registrar la secuencia en que ocurren procesos que se desarrollen muy lentamente.

Novulo: Entonces ¿qué se debe hacer?

Kreiva: La idea sería tomar un cronómetro tal que su puntero tenga una rapidez adecuada al fenómeno cuya secuencia se desea registrar.

Fiskajn: Bien. Entonces, como se había dicho, el tránsito del puntero de un valor al siguiente tiene cierta duración.

Kreiva: Sí, aunque siempre hay una incertidumbre para definir cuándo empieza o cuándo termina un instante, un momento o como se quiera llamar a la unidad de tiempo más corta de la cual se disponga.

Fiskajn: En la figura 1 se ilustra la forma en que el puntero del cronómetro pasa de un valor al siguiente, y lo que dura señalando un determinado valor.

Novulo: ¿Esa sería la duración de un instante?

Kreiva: Exacto. Como se ve en esta figura, existe una etapa de transición entre dos instantes sucesivos.

Fiskajn: Correcto. Se sabe que el puntero del cronómetro pasa gradualmente de un instante al siguiente.

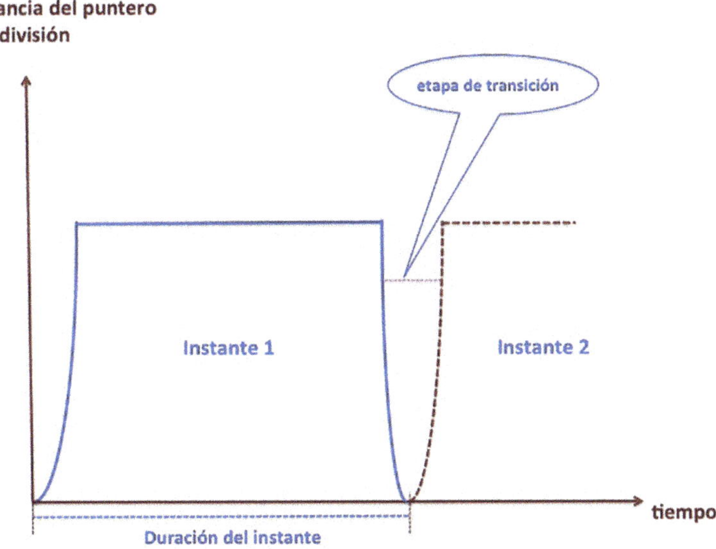

Figura 1

Kreiva: Sí, y el mecanismo, sea cual fuere, demora un poco para que dicho puntero deje de señalar un valor de tiempo y pase a señalar el siguiente valor.

Novulo: ¿Esto constituye la etapa de transición?

Kreiva: Correcto. Es una etapa muy corta del instante durante la cual el puntero abandona el valor antiguo y transita hacia el nuevo.

Novulo: En esta etapa ¿el valor que señala el puntero es incierto?

Kreiva: Así es; sin embargo, se acepta que el valor anterior dura hasta que el puntero ocupa la nueva posición.

Fiskajn: Correcto. Esto ocurre una vez que el puntero del cronómetro se haya ubicado definitivamente en alguna de las señales de la circunferencia de este.

Novulo: Entonces, en la circunferencia del cronómetro ¿qué representa la separación entre las señales?

Kreiva: La duración del instante, incluyendo la etapa de transición.

Fiskajn: Además, si la distancia que debe recorrer el puntero del cronómetro entre estas señales aumenta, entonces la duración de cada instante será mayor.

Kreiva: Exacto. Entre mayor sea el número de señales que recorra el puntero en una vuelta completa, menor será la duración de cada instante.

Fiskajn: De igual manera que una partícula recorre entre dos puntos mayor número de milímetros que de centímetros.

Kreiva: Así es. En los cronómetros que se muestran en la figura 2, bajo una misma rotación de los punteros, en la escala (A) se recorre el doble de unidades de tiempo que en la escala (B).

Novulo: Entonces ¿los instantes de la escala (A) duran la mitad de los instantes de la escala (B)?

Fiskajn: Exactamente.

Novulo: Pero si los instantes tienen duración, ¿cómo se entiende que una partícula móvil tenga una posición determinada en cada instante?

Fiskajn: Lo que sucede es que con la posición ocurre algo similar a lo que ocurre con el instante.

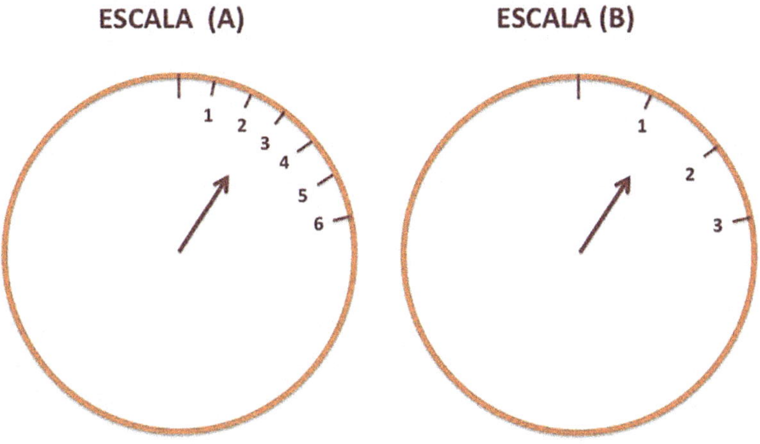

Figura 2

Kreiva: Por supuesto. Así como se tiene un ancho para el instante, también se tiene un ancho para la posición instantánea de la partícula.

Fiskajn: Sí. El trayecto recorrido por la partícula móvil, mientras dura el instante, constituye la posición instantánea de esta.

Kreiva: Entonces, a ella no se le puede asignar en cada instante una posición puntual, sino un intervalo espacial, pequeño, pero no nulo.

Novulo: ¿O sea que la partícula no está quieta en una posición dada, en un instante dado?

Kreiva: Si así fuera, no se le podría definir una velocidad instantánea.

Novulo: ¿Por qué no?

Kreiva: Si el instante no tiene duración el móvil no alcanza a recorrer distancia alguna mientras dura. Por lo tanto, la velocidad instantánea resultaría de dividir un espacio recorrido nulo por un lapso temporal también nulo.

Fiskajn: Lo cual produce un resultado indefinido, pues es lo mismo que dividir cero por cero.

Kreiva: Efectivamente. Pero si el instante tiene duración, la velocidad instantánea toma un sentido práctico. Para evaluarla basta con medir la distancia recorrida mientras el puntero del cronómetro permanece señalando una división.

Novulo: ¿Esta división sería la unidad de tiempo?

Kreiva: Así es. Si durante esa unidad de tiempo un móvil recorre dos metros, entonces su velocidad es dos metros por unidad de tiempo.

Novulo: ¿Esa sería su velocidad instantánea?

Kreiva: En ese instante. Pero más tarde, cuando el puntero del cronómetro señale otro valor, el móvil podría recorrer v metros mientras el puntero del cronómetro permanece señalando esta otra división.

Novulo: Entonces ¿su velocidad sería v metros por unidad de tiempo?

Kreiva: Correcto.

Capítulo 3
El ahora

El ahora es el presente que se registra en cada lugar .

Novulo: ¿Qué significa ahora?

Fiskajn: Significa el momento presente, el instante mismo en que se hace algo; **se** habla o se escribe.

Kreiva: Sí. Por ejemplo, cuando un grupo de personas debe realizar una acción al mismo tiempo, como empujar un vehículo, para coordinar el momento de hacerlo se indica con un "ahora".

Fiskajn: Sí; se refiere al momento de empujar todos simultáneamente.

Novulo: Entonces, ¿se trata de un momento en un lugar?

Fiskajn: Sí, pero también puede ser un momento para toda una región.

Kreiva: Así es. Por ejemplo, cuando un noticiero transmite lo que en ese mismo momento está ocurriendo en un lugar alejado del propio sitio de emisión de la noticia.

Novulo: Pero, en ese caso hay cierta demora para que el noticiero, a su vez, reciba la información desde el sitio donde están ocurriendo los hechos.

Fiskajn: Sí, ese no es un ahora exacto, pues el noticiero tardaría un determinado lapso de tiempo para obtener la información que ha de transmitir.

Novulo: ¿Se puede hablar de un ahora que sea válido para toda la Tierra?

Kreiva: Sí, porque, aunque cada país tiene su propia hora civil, existe una hora igual para todos los países.

Novulo: ¿Es la hora de Greenwich (GMT)?

Fiskajn: Correcto. Cada valor de la hora de Greenwich sobre la Tierra, en cualquier parte del globo, constituye el ahora para todo el planeta.

Novulo: ¿Qué tan grande puede ser la región para la cual sea posible hablar de un ahora que sea válido para toda ella?

Kreiva: Si en todos los puntos de la región existen relojes que señalen de manera exacta la hora de Greenwich, se puede hablar de un ahora para toda la región.

Novulo: ¿Por grande que esta sea?

Kreiva: Así es, no importa el tamaño de su extensión.

Novulo: ¿Y cómo se caracteriza ese ahora?

Kreiva: En cada momento todos los relojes de la región deben señalar el mismo valor de tiempo.

Novulo: Entonces, ¿ese valor de tiempo permite identificar el ahora de cada momento en la región?

Kreiva: Correcto. En este caso se podría coordinar una acción conjunta en toda la región cuando los relojes señalen un valor determinado.

Novulo: Pero, ¿cómo se puede hablar de ahora, o decir "en este momento" refiriéndose a todo el Universo? Porque no puede negarse que en cada instante existe un presente, un ahora para la totalidad del Universo.

Kreiva: Por supuesto. Podría escogerse un lugar de la Tierra como referente en un instante dado, a una hora dada, de un día determinado, en cierto año y pensar en lo que estaría ocurriendo en el resto del Universo en ese preciso instante.

Novulo: ¿Eso constituiría el presente del Universo en ese instante?

Fiskajn: Sí. Cada momento es un ahora, y todos los sucesos que ocurran en el mismo momento hacen parte de un ahora.

Kreiva: Pero otra cosa es hacerle corresponder un valor de tiempo a esos sucesos.

Novulo: ¿O sea que todos los sucesos que hayan sido registrados con el mismo valor de tiempo pertenecen a un ahora?

Kreiva: Efectivamente. En la Tierra, los sucesos que hacen parte de ese ahora son los que ocurren en el mismo instante según la hora de Greenwich.

Fiskajn: Se dice que esos sucesos son simultáneos porque tienen el mismo registro temporal, aunque ocurran en países diferentes.

Novulo: Entonces, ¿se pueden considerar simultáneos aquellos hechos que tengan el mismo registro temporal según la hora de Greenwich?

Fiskajn: Sí, aunque debido a que el instante tiene duración, la simultaneidad se hace incierta.

Kreiva: Así es. Si se supone que el puntero del cronómetro recorre una división cada segundo, serían muchos los sucesos que podrían ocurrir durante este lapso.

Fiskajn: Sin embargo, mientras el puntero del cronómetro permanece en cada división dichos sucesos serían simultáneos.

Novulo: Pero ¿también serían simultáneos si el puntero se demora una hora en pasar de un valor al siguiente?

Kreiva: Todos los sucesos que ocurran durante esa hora serían registrados con el mismo valor de tiempo.

Novulo: Entonces ¿serán considerados como simultáneos?

Kreiva: Sí, porque si a todos ellos se les asigna el mismo valor de tiempo de ocurrencia, son sucesos temporalmente indiscernibles.

Novulo: ¿Y si sus registros temporales son indiscernibles, entonces son simultáneos?

Kreiva: Así es.

Capítulo 4
Red sincronizada de cronómetros

Dos cronómetros idénticos están sincronizados si empiezan a rotar simultáneamente sus punteros, desde el mismo valor.

Kreiva: Se da el caso que cronómetros idénticos, funcionando en diversos lugares de un sistema, señalen valores de tiempo diferentes.

Novulo: Entonces ¿cómo se procedería para que señalen simultáneamente el mismo valor?

Fiskajn: En esto consiste la sincronización de cronómetros situados en diferentes lugares del mismo sistema.

Kreiva: Sí. Se puede suponer que los cronómetros están distribuidos como muestra la figura 3.

Novulo: ¿Esta sincronización podría comenzar con los cronómetros A y B?

Kreiva: Sí. Para esto desde el cronómetro A se envía una señal de radio hasta el cronómetro B.

Novulo: Pero no se sabe cuál es la velocidad de propagacion de esta señal.

Kreiva: Se puede asumir que esta velocidad es de cinco metros por segundo.[3]

---

3 De acuerdo con esta escala, una distancia de un metro equivale a 60 000 kilómetros, aproximadamente.

Fiskajn: Bien. Como la separación entre A y B es de 30 metros, según la figura 3, la señal de radio tardaría seis segundos para pasar de A hasta B.

Kreiva: Entonces, desde A se le hace llegar un mensaje a B, avisando que se le va a enviar una señal, y que al recibirla el puntero del cronómetro A estará señalando el valor t = 6 segundos.

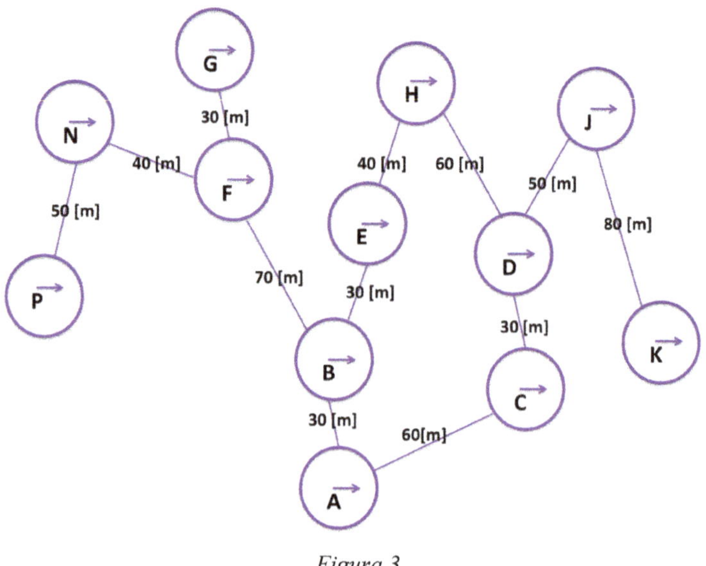

Figura 3

Novulo: ¿Y cómo se sabe que la señal será recibida cuando el cronómetro de A señale ese valor?

Fiskajn: Porque va a ser emitida cuando el puntero del cronómetro A señale el valor t = 0 segundos y la señal tarda seis segundos en pasar desde A hasta B.

Novulo: Entonces ¿qué hace B con esta información?

Kreiva: Pues, como el puntero del cronómetro B seguramente debe estar registrando un valor diferente cuando llegue la señal de A, se tomará esa diferencia para sincronizar ambos cronómetros.

Novulo: Sí, pero ¿cómo se hace?

Kreiva: Por ejemplo, si la señal llega a B cuando este cronómetro registra el valor t = 20 segundos, entonces habría que devolver 14 divisiones el puntero de B para que señale el valor t = 6 segundos.

Novulo: Al hacerlo ¿A y B quedarán sincronizados indefinidamente?

Kreiva: Sí, siempre y cuando ambos cronómetros funcionen idénticamente.

Novulo: Entonces, luego de sincronizar los cronómetros de A y B, ¿desde B se puede hacer lo mismo con el cronómetro de E?

Kreiva: Exacto. Finalmente todos los cronómetros quedarían sincronizados de tal manera que registrarán simultáneamente el mismo valor de tiempo.

Novulo: ¿En toda la región por donde estén esparcidos se puede decir que hay un tiempo único?

Kreiva: Así es. Se podría decir que hay un instante o un ahora para toda la región.

Fiskajn: Entonces, el lapso temporal entre dos sucesos S_1 y S_2, uno de los cuales ocurra en A y el otro en P, puede medirse haciendo el registro de uno de los sucesos en A y del otro en P.

Novulo: ¿Es como si se hiciera con el mismo cronómetro?

Kreiva: Así es. Ese lapso temporal puede decirse que es $(t_P - t_A)$ segundos, donde t_P se mide con el cronómetro P y t_A con el A.

Novulo: ¿Cómo se sabe si los sucesos que ocurren en A y P son simultáneos?

Fiskajn: La única forma de saberlo es por sus registros.

Novulo: ¿Cuáles registros?

Fiskajn: Pues t_A y t_P, o sea, los que se hicieron en el lugar donde ocurrieron los sucesos.

Kreiva: Sí. Se puede suponer que en A se tienen los registros de tres sucesos, A_1, A_2, A_3, que ocurren cuando el cronómetro de A registró los tiempos 10 [s], 15 [s], 20 [s], respectivamente.

Fiskajn: Estos sucesos se registraron así: A_1 ocurrió a los 10 segundos, A_2 ocurrió a los 15 segundos, A_3 ocurrió a los 20 segundos.

Kreiva: Se puede suponer, además, que cuatro sucesos ocurridos en P son registrados de la siguiente forma: P_1 ocurrió a los 2 segundos, P_2 ocurrió a los 8 segundos, P_3 ocurrió a los 15 segundos, P_4 ocurrió a los 18 segundos

Fiskajn: Entonces, a partir de estos registros se deduce que los sucesos A_2 y P_3 ocurrieron simultáneamente.

Capítulo 5
Lapsos temporales

Un lapso temporal que empieza en un lugar y termina en otro, se puede medir con un solo cronómetro o con dos.

Kreiva: Como se sabe, el paso del tiempo se suele medir por medio de cronómetros y relojes.

Novulo: ¿Y qué diferencia hay entre ellos?

Kreiva: Es casi lo mismo. La única diferencia consiste en que los punteros de los relojes están siempre en movimiento.

Fiskajn: Sí, mientras que los del cronómetro se ponen a rotar cuando se quiere medir un lapso temporal.

Novulo: ¿Cómo la duración de una carrera atlética?

Kreiva: Correcto. Por otro lado, los relojes indican la hora del almuerzo, la hora de entrar o salir de clase, la hora del partido de futbol, etc.

Fiskajn: En general, los punteros del reloj siempre están marcando un valor de tiempo.

Kreiva: Sí, por eso se dice que el reloj marca la hora, mientras que el cronómetro mide duraciones.

Fiskajn: Así es. Con el cronómetro se mide, por ejemplo, cuántas divisiones se desplaza **su** puntero mientras un atleta recorre 200 m.

Novulo: Pero un cronómetro puede tener más de un puntero.

Kreiva: Sí, aunque acá solo se van a utilizar cronómetros de un solo puntero, y con este se va a definir la unidad de tiempo.

Novulo: ¿Cuál será esta unidad de tiempo?

Fiskajn: El segundo.

Kreiva: Esto implica que el puntero del cronómetro va a permanecer durante un segundo señalando el mismo valor de tiempo.

Novulo: ¿O sea que el instante escogido dura un segundo?

Kreiva: Así es. Además, cada posición que va ocupando el puntero del cronómetro se distingue por un valor de tiempo.

Fiskajn: Es decir que, durante su movimiento, el puntero del cronómetro siempre estará señalando o registrando un valor de tiempo.

Kreiva: Exceptuando, claro está, las etapas de transición.

Novulo: Entonces, ¿un cronómetro mide duraciones?

Kreiva: Cuando el puntero del cronómetro recorre 5 divisiones se dice que el lapso temporal duró 10 segundos.

Kreiva: Sí, pero también puede ocurrir que el inicio de un lapso temporal se registre con cierto cronómetro, y el final de dicho lapso se registre con otro.

Novulo: ¿Cuándo ocurre esto?

Kreiva: Cuando el lapso temporal se inicie con algún suceso que ocurra en un determinado lugar y termine con otro suceso que ocurra en otro lugar, distante del primero.

Fiskajn: En este caso es necesario usar un cronómetro en el lugar donde ocurre el suceso inicial y otro en el lugar donde ocurre el suceso final.

Novulo: ¿Como en una carrera ciclística entre dos poblaciones?

Fiskajn: Exactamente. Si A y P son dichas poblaciones, en A se registraría el instante en que se inicia la competencia, y en P se registraría el instante de llegada de cada corredor.

Kreiva: Es muy importante tener en cuenta que los cronómetros situados en A y en P deben estar sincronizados.

Fiskajn: Sí, además deben ser idénticos y funcionar bajo las mismas condiciones.

Novulo: Entonces, ¿el cronómetro de A registraría el $t_{inicial}$, mientras que el de P registraría el t_{final}?

Fiskajn: Así es. Por tanto, el intervalo temporal sería $t_{final} - t_{inicial}$.

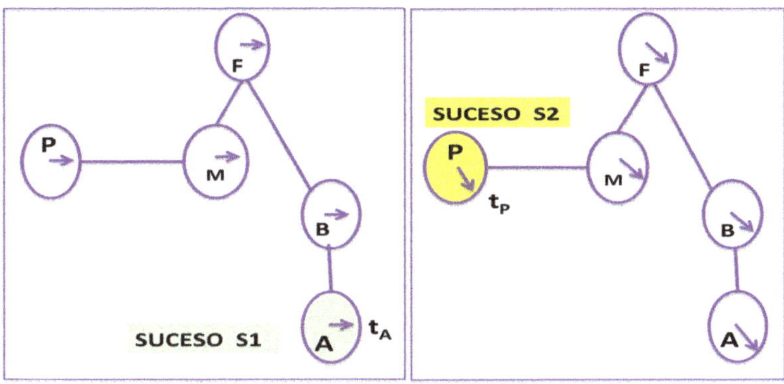

Figura 4

Novulo: Parece que es necesario distinguir entre el instante, la duración y el intervalo temporal.

Kreiva: Por supuesto. El instante es el valor que en cada momento señala el puntero.

Fiskajn: La duración es la resta de dos valores, $t_{final} - t_{inicial}$, registrados con el mismo cronómetro. Si este cronómetro es el A se podría indicar como $(t_{final})_A - (t_{inicial})_A$.

Kreiva: Mientras que, el intervalo temporal, es la resta de dos valores, $t_{final} - t_{inicial}$, registrados con dos cronómetros. Si el instante inicial se registra con el cronómetro A y el final con el P, como en la figura 4, se debe indicar como $(t_{final})_P - (t_{inicial})_A$.

Fiskajn: De acuerdo. Este último sería un intervalo temporal.

Kreiva: Correcto.

Capítulo 6
Sistemas inerciales

Un acelerómetro indica cuando un sistema es inercial,
sin hacer referencia al medio exterior.

Kreiva: Hoy se van a estudiar los sistemas de referencia llamados inerciales.

Fiskajn: Primero se debe aclarar que un sistema de referencia, sea inercial o no, lo conforman porciones de materia que mantienen su separación invariable.[4]

Kreiva: Correcto. No hay movimiento relativo entre las porciones de materia que conforman tal sistema.

Fiskajn: Sobre dichas porciones se emplaza un sistema de coordenadas respecto a las cuales se determinan los movimientos de otros cuerpos u otros sistemas.

Novulo: ¿Un sistema de referencia es entonces como un barco que, al moverse, arrastra consigo todas sus partes?

Fiskajn: Exacto. Igual que una casa, con su piso y sus paredes.

Novulo: ¿Cuándo se dice que uno de esos sistemas es inercial?

Kreiva: Cuando en él se cumple el principio de inercia, según el cual, si un cuerpo se encuentra en estado de reposo en un sistema que sea inercial, el cuerpo conservará dicho estado.

Novulo: ¿Y así permanecerá indefinidamente?

---

4 Algunos autores prefieren llamarlos marcos de referencia.

Kreiva: Sí, a menos que sobre él actúe una fuerza.

Novulo: ¿Y si dicho cuerpo se encuentra en movimiento?

Kreiva: También mantendrá inalterable la dirección y la rapidez con que se desplaza, a menos que sobre él actúe una fuerza.

Novulo: Pero ¿cómo se detectaría esta fuerza?

Kreiva: Dotando al sistema de un dispositivo llamado acelerómetro, el cual muestra cualquier cambio en el estado de movimiento de dicho sistema.

Fiskajn: Sí. Este dispositivo se construye con un resorte que se fija al sistema, y del extremo libre del resorte se sujeta un pequeño bloque.

Kreiva: Exacto. En este caso, tanto el bloque como el resorte quedan en reposo respecto al sistema, haciendo parte del mismo.

Fiskajn: Así es. Entonces, cualquier cambio que se produzca **en el** estado de movimiento del sistema es transmitido al bloque a través del resorte.

Novulo: ¿De qué manera?

Kreiva: Por la deformación que este experimenta.

Fiskajn: ¿Se puede asegurar que, si el resorte del acelerómetro experimenta deformaciones, es porque el sistema no es inercial?

Kreiva: Si, así es. Además, cualquier otro sistema que se mueva con velocidad constante respecto a este, puede considerarse también inercial.

Novulo: Entonces, si en uno de estos sistemas se dispara una bala en cierta dirección, y se desplaza en ese sistema con cierta velocidad, ¿qué pasaría si se hace un disparo idéntico en otro sistema inercial?

Fiskajn: Pues la bala se desplazará en este último con esa misma velocidad.

Kreiva: Correcto. Esto se debe a que, debido a la inercia, cada sistema le transmite a la pistola su propio movimiento, y esta se lo comunica a la bala antes de ser disparada; luego, el disparo le agrega a esta última un impulso adicional.[5]

Novulo: ¿Qué pasa si en lugar de disparar una bala se emitiera un pulso luminoso producido por un destello?

Kreiva: Bueno, la propagación del pulso sería diferente a la de la bala.

Novulo: ¿Acaso no es lo mismo que ocurre con la bala?

Kreiva: No es lo mismo, ya que el sistema donde se emite el destello no le comunica su propio movimiento al pulso.

Novulo: Pero si el destello se produce en un sistema, ¿por qué no le transmite al pulso su propio movimiento?

Kreiva: Porque el pulso luminoso es una perturbación que se propaga en el vacío y no en el sistema donde se produce.

Novulo: Entonés ¿esa propagación depende solo de las propiedades del vacío?

---

5 No se toma en consideración la propiedad gravitacional de la masa.

Kreiva: Así es. Se trata de dos propiedades, que son bastante conocidas.[6]

Novulo: Entonces su velocidad en cada sistema dependerá de la velocidad de dicho sistema respecto al vacío.

Kreiva: No hay forma de estimar la velocidad de un sistema respecto al vacío, ya que este es completamente igual en todas partes.

Novulo: ¿Y porqué sí puede estimarse la velocidad de un pulso luminoso?

Kreiva: Porque se hace empleando diferentes partes de un sistema inercial. En una se produce el pulso y en la otra se recibe. La separación entre ellas sí puede medirse.

Fiskajn: De acuerdo. También puede recibirse el pulso en el mismo sitio donde se produce, luego de reflejarse en un espejo. Solo que en este caso la luz debe hacer un recorrido de ida y vuelta.

Novulo: Pero, entonces, la propagación se realiza en el sistema inercial donde se hizo la medida.

Kreiva: No, de ninguna manera. La propagación se realiza a través del vacío que separa a las porciones de materia. Estas sólo están en los extremos del recorrido.

Novulo: ¿O sea que la propagación del pulso se realiza en el vacío, pero su recorrido se mide en un sistema inercial?

Kreiva: Efectivamente. En los sistemas inerciales es que se pueden hacer las medidas que permiten estimar el cambio de posición.

---

6 Ellas son la permitividad y la permeabilidad del vacío.

Capítulo 7
Referente del movimiento

La luz nace y muere en la materia,
pero se propaga en el vacío.

Novulo: Cuando se tienen varios sistemas inerciales distribuidos en una región del espacio ¿cómo se define el movimiento de cualquiera de ellos?

Kreiva: Se escoge uno como referente y se evalúa el movimiento de los otros respecto a él.

Fiskajn: Hay que tener en cuenta que el sistema escogido como referente queda sin la posibilidad de moverse.

Novulo: ¿Por aquello de que es imposible moverse respecto a sí mismo?

Kreiva: Así es. El sistema escogido como el referente de los movimientos desempeña el papel de sistema estático.

Novulo: O sea que, ¿si se habla del sistema estático es porque se trata del referente de los movimientos?

Kreiva: Sí, por supuesto. Además, cualquiera de los sistemas puede ser escogido para desempeñar el papel de dicho referente.

Fiskajn: Sí, y los sistemas restantes pasarían a ser móviles respecto a este.

Novulo: ¿Y cómo están conformados todos estos sistemas?

Fiskajn: Ellos están conformados por partículas materiales que mantienen invariables sus posiciones relativas; es decir, que no se mueven unas respecto a otras.

Kreiva: Correcto. En general, la materia se agrupa en diferentes sistemas, donde las partes materiales que conforman a cada uno de ellos no se mueven entre sí.

Novulo: Pero el espacio vacío que hay entre ellas ¿también pertenece al sistema?

Fiskajn: Para responder esto es necesario remitirse a la figura 5(A).

Kreiva: En esta figura se muestran dos partículas, P_1 y P_2 que pertenecen al sistema S_1, y una zona punteada que encierra el espacio vacío que las separa.

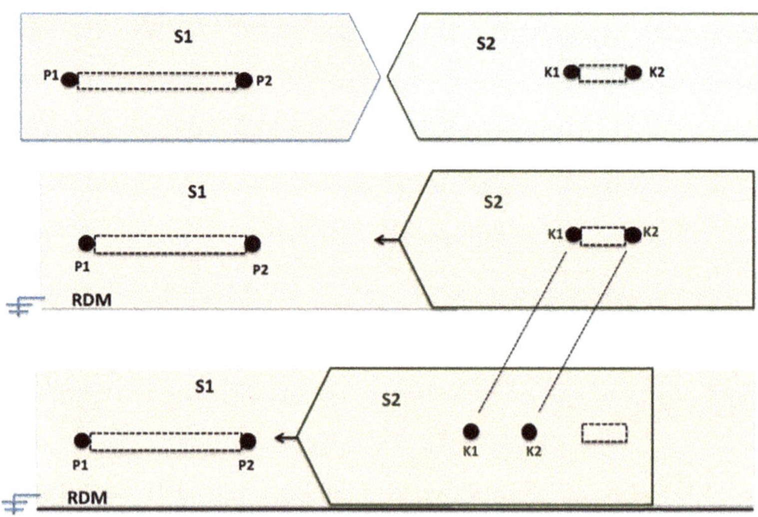

Figura 5(A)

Fiskajn: Sí. También se muestran otras dos partículas K_1 y K_2, pertenecientes al sistema S_2, y la zona del espacio vacío que separa a dichas partículas.

Novulo: Pero, a medida que el sistema S_2 se desplaza ¿la zona del espacio entre las partículas K_1 y K_2 se desplaza junto con ellas?

Kreiva: No, de ninguna manera. Ninguna zona del espacio vacío se desplaza. Solo se desplazan aquellas porciones de materia que hagan parte de los sistemas móviles.

Novulo: Entonces, ¿qué pasa con el espacio vacío?

Kreiva: Bueno, al tomar como referente de los movimientos a S_1, todo el espacio vacío pasa a ser el telón de fondo de este sistema.

Fiskajn: Correcto. Entonces, la zona punteada en S_2 no se movería respecto al referente de los movimientos, tal como se muestra en la figura 5(A).

Kreiva: Así es. En esa figura se muestra que las partículas K_1 y K_2 se desplazan solidarias al sistema S_2, mientras que la zona punteada que había entre ellas se mantiene inmóvil respecto al referente de los movimientos S_1.

Novulo: De acuerdo. Y si se toma como referente de los movimientos a S_2, ¿qué pasaría con las zonas punteadas?

Kreiva: En este caso todo el espacio vacío entre K_1 y K_2 pasa a ser el telón de fondo de S_2, y las zonas punteadas no se moverían respecto al sistema inmóvil S_2.

Fiskajn: Sí, mientras que S_1 se desplaza junto con las partículas P_1 y P_2, respecto al referente S_2, como se muestra en la figura 5(B).

Kreiva: Ahora, las partículas P_1 y P_2 se desplazan solidarias al sistema S_1, mientras que la zona punteada que había entre ellas se mantiene inmóvil respecto al referente de los movimientos S_2.

Novulo: Entonces, ¿cuál es el movimiento del espacio vacío?

Kreiva: No es posible definirle un estado de movimiento

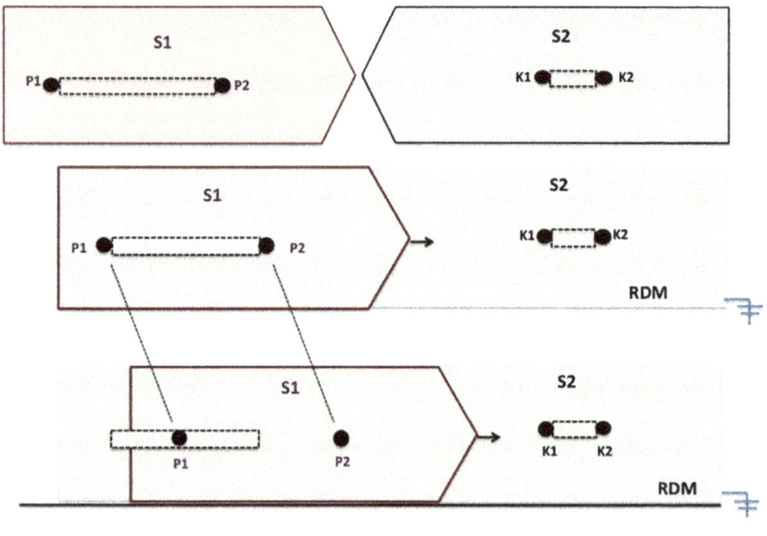

Figura 5(B)

Fiskajn: Así es. Esto se debe a que el vacío no está compuesto de partes materiales que permitan distinguirlo como cualquier otro sistema.

Kreiva: No es solo por eso, sino porque en cualquier parte es igual de transparente, de intangible.

Fiskajn: Entonces, no es posible definir direcciones en él.

Kreiva: Exactamente. Es por esto por lo que no puede asignársele un estado de movimiento, ni puede definirse un movimiento con respecto a él.[7]

Novulo: Pero, si no se le puede atribuir algún tipo de movimiento, entonces ¿está inmóvil?

Kreiva: Sí. En ello se identifica con el referente de los movimientos, y lo complementa.

Novulo: ¿Por qué complementa al referente de los movimientos y no a los otros sistemas?

Fiskajn: Porque el referente de los movimientos, sea cual fuere, coincide con el vacío en su inmovilidad.

Kreiva: Correcto. Mientras que el referente de los movimientos presenta la característica de la inmovilidad al ser escogido para especificar las posiciones de todos los cuerpos y sistemas, incluyendo la suya, el vacío presenta esa inmovilidad por su propia estructura.

Novulo: Bueno, entonces ¿para que sirve el vacío?

Kreiva: Para permitir la propagación luminosa entre las distintas porciones de materia.

---

7 El mismo vacío no se puede definir como un sistema, a menos que presente asimetrías que privilegien alguna dirección, como ocurre en la Tierra con el campo gravitacional, el eje de rotación terrestre, el ecuador celeste, etc.

Fiskajn: Exacto. Y es con esa materia que se construyen los dispositivos de medida.

Novulo: Exacto. Porque, como ya se dijo, en el vacío no existen dispositivos materiales que permitan hacer medidas.

Kreiva: Así es. Esos dispositivos solo existen en los sistemas de referencia. Además, la luz, aunque permite ver los cuerpos, ella misma es invisible.

Fiskajn: Sí, solo se evidencia cuando es emitida en una llama, en un bombillo, en un destello, o cuando ilumina la superficie de algún cuerpo.

Novulo: ¿Durante su propagación en el vacío es invisible?

Kreiva: Exacto. Ella y su medio de propagación son invisibles. Cuando se quiere evidenciar su propagación por cierta región hay que inundarla con partículas opacas, de polvo o de humo, que puedan ser iluminadas.

Novulo: ¿Existen experimentos para determinar su velocidad de propagación?

Fiskajn: Sí, su velocidad de propagación se establece con experimentos que se realizan en el referente de los movimientos.

Novulo: Entonces ¿ el vacío es como un telón de fondo del referente?

Fiskajn: Sí, es en este telón de fondo donde la luz se propaga, pero es en el referente de los movimientos donde se realizan las mediciones que permiten determinar su velocidad de propagación.

Kreiva: En conclusión, el vacío y el referente de los movimientos se complementan.

Fiskajn: Sí. En el vacío se efectúa la propagación luminosa.

Kreiva: Mientras que en el referente de los movimientos se mide dicha velocidad de propagación.

Novulo: Pero también puede medirse en cualquier otro sistema.

Kreiva: Solo cuando ese otro sistema se desempeñe como referente de los movimientos.

Capítulo 8
Centro de propagación

La luz emitida en cualquier sistema tiene su centro de propagación en el referente de los movimientos.

Novulo: Si los pulsos luminosos se propagan de igual manera en todos los sistemas inerciales, entonces, cuando se emite un pulso luminoso, ¿en cuál de ellos se encuentra ubicado su centro de propagación?

Kreiva: Cuando se emite un pulso luminoso en un escenario compuesto por varios sistemas de referencia, el punto de emisión tiene una ubicación específica en todos y cada uno de dichos sistemas.

Novulo: ¿Y cómo se sabe cuál es la ubicación de ese punto en cada sistema?

Fiskajn: Para ilustrarlo, se puede hacer una analogía imaginando que cada sistema se va a representar como una hoja de papel.

Kreiva: Sí, de esta manera el escenario estaría conformado por todas estas hojas superpuestas, desplazándose unas respecto a otras.

Fiskajn: Correcto. Ahora, se asume que en cierto momento todas las hojas son perforadas en un único punto.

Kreiva: Entonces, la perforación de cada hoja corresponde al punto donde el pulso fue emitido en cada sistema.

Fiskajn: Exacto, así como se muestra en la figura 6.

Novulo: ¿Todas esas perforaciones se desplazan unas respecto a las otras?

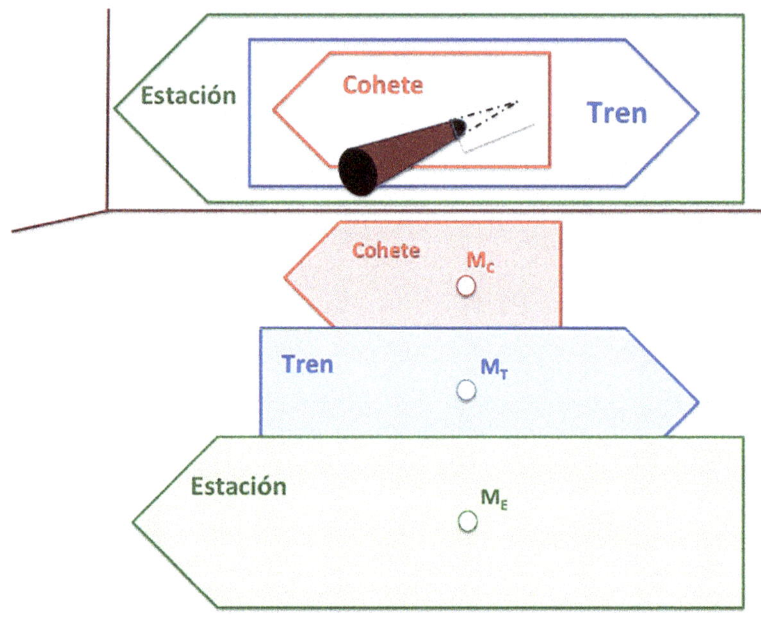

Figura 6

Kreiva: Así es. Pero una vez que se escoja uno de los sistemas como referente de los movimientos, su propia perforación deja de moverse.

Fiskajn: Exacto, mientras que todas las demás perforaciones se mueven respecto a la que se hizo en el referente de los movimientos.

Novulo: ¿Todas estas perforaciones van a ser el centro de propagación del pulso emitido?

Kreiva: Solamente la que esté inmóvil, es decir, la que pertenezca al sistema que se tome como referente de los movimientos.

Novulo: Pero ¿cuál de los sistemas va a ser el referente de los movimientos?

Kreiva: Cualquiera de ellos, pero una vez escogido, todos sus puntos quedarán inmóviles.

Novulo: Entonces, ¿el punto de emisión ubicado en el referente de los movimientos se convierte en el único centro de propagación del pulso?

Kreiva: Exacto. Aunque es conveniente señalar que el pulso emitido no solo se desplaza respecto al referente de los movimientos, sino también respecto a todos los otros sistemas.

Fiskajn: Bien. Para analizar su movimiento respecto a los diferentes sistemas, se podría tomar un escenario formado por el Tren y la Estación.

Novulo: Se podría elegir a la Estación como el referente de los movimientos.

Kreiva: De acuerdo. Entonces, el pulso tendrá su centro de propagación en este sistema.

Fiskajn: Claro. Si este punto se identifica como M_E en el sistema de la Estación, ese sería su centro de propagación.

Kreiva: Además, el pulso se propagará con la misma velocidad en todas las direcciones alrededor del punto M_E.

Fiskajn: En la figura 7 se muestra la propagación del pulso luminoso cuando la Estación es el referente de los movimientos.

Kreiva: De acuerdo con esa figura, el pulso llegará simultáneamente a los puntos 1 y 1', luego los puntos 2 y 2', y más tarde a los puntos 3 y 3'.

Fiskajn: Efectivamente. El pulso se propaga formando una superficie esférica, con centro en el punto M_E.

Kreiva: Correcto. El radio de esta superficie va creciendo con el tiempo, tal como se muestra en la figura 7.

Novulo: ¿El pulso también se desplazaría respecto al sistema del Tren?

Kreiva: Por supuesto que sí; pero debe tenerse en cuenta que, mientras el pulso se propaga en la Estación, el Tren se desplaza en ese mismo sistema.

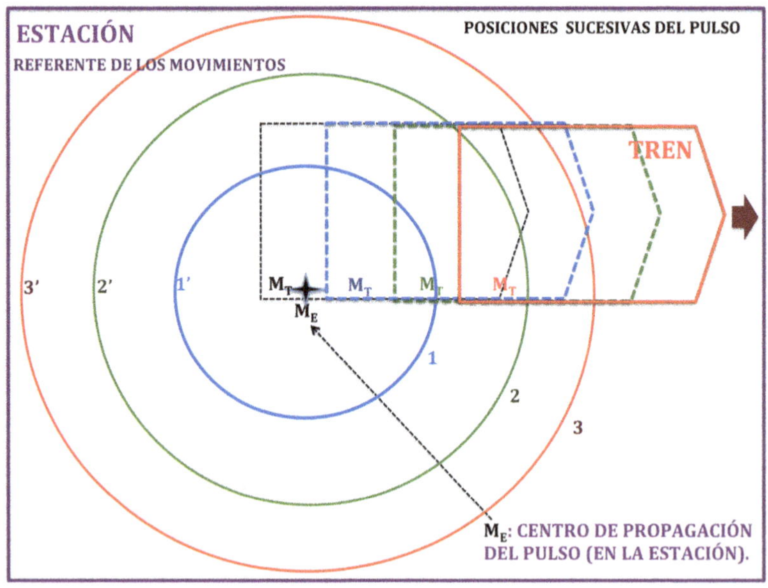

Figura 7

Novulo: ¿Con qué velocidad se propaga el pulso en la Estación?

Kreiva: Con la velocidad que ella siempre muestra en el referente de los movimientos, o sea, c metros por segundo.[8]

8 En estos diálogos c es igual a 5.

Novulo: ¿Con qué velocidad se desplazaría el pulso respecto a un punto fijo del Tren?

Fiskajn: En tal caso, los desplazamientos del pulso y del Tren deben evaluarse en el mismo referente de los movimientos, o sea en la Estación.

Novulo: Pero entonces, ¿el movimiento del pulso respecto al Tren quedaría medido en la Estación y no en el propio Tren?

Kreiva: Así es. Cuando el Tren se desplaza respecto a la Estación con una rapidez de tres metros por segundo, y el pulso se propaga con una velocidad de cinco metros por segundo en la Estación, el pulso se le aproximará al Tren con una velocidad de dos metros por segundo.

Novulo: ¿Esta sería, entonces, la rapidez con que disminuye la separación del pulso a un punto fijo del Tren?

Fiskajn: Exactamente. Pero dicha rapidez estaría medida en el referente de los movimientos, que es la Estación.

Novulo: Entonces, ¿no sería la velocidad de propagación del pulso en el sistema del Tren?

Kreiva: Por supuesto que no. Para calcular esa velocidad debe emplearse como centro de propagación del pulso el punto del Tren donde este fue emitido.

Fiskajn: Por lo tanto, debe tomarse como referente de los movimientos al Tren.

Novulo: Pero ¿en este caso el Tren pierde su movilidad?

Kreiva: Así es. Cuando el Tren es el referente de los movimientos, el pulso se propaga alrededor del punto M_T, donde fue emitido en ese sistema, como se muestra en la figura 8.

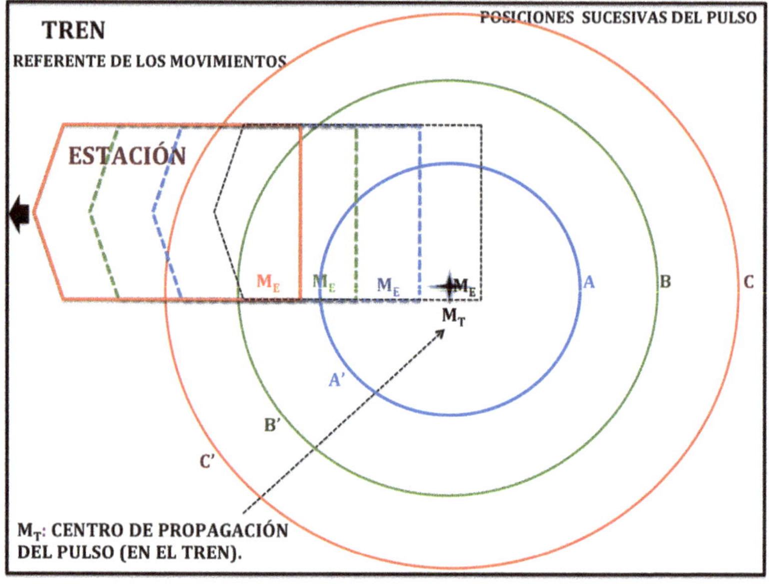

Figura 8

Novulo: ¿Ese es el mismo punto donde se le hizo la perforación?

Fiskajn: Así es. El pulso ahora se propaga alrededor de M_T de la misma forma que lo hizo alrededor del punto M_E, cuando la Estación era el referente de los movimientos.

Kreiva: Exacto. De acuerdo con la figura 8, en el sistema de referencia del Tren, el pulso llega de manera simultánea a los puntos A y A', luego a B y B', y más tarde a C y C', mientras la Estación se desplaza.

Fiskajn: Y mientras el pulso se propaga en el sistema inmóvil del Tren, la Estación se desplaza en ese mismo sistema.

Capítulo 9
Cronómetros luminosos

La unidad de tiempo de todos los sistemas se mide con la unidad de tiempo del referente de los movimientos.

Kreiva: La tarea para hoy es determinar cómo se relaciona la unidad de tiempo de un cronómetro móvil con la unidad de tiempo del cronómetro estático.[9]

Fiskajn: Estos dos cronómetros tienen que ser idénticos.

Kreiva: Por supuesto. Ambos funcionan con un pulso luminoso que se propaga entre dos espejos.

Novulo: ¿La separación entre los dos espejos permitiría definir la unidad de tiempo?

Kreiva: Así es. Se debe tener en cuenta que, si el cronómetro pertenece al referente de los movimientos, los espejos de este no se moverían respecto al centro de propagación del pulso.

Novulo: ¿El pulso luminoso pasaría de un espejo al otro, y se aproximaría con una velocidad de cinco metros por segundo?

Kreiva: Correcto. Ahora, si la separación vertical entre los espejos es de 2,5 m, el viaje de ida y vuelta tardaría un segundo.

Novulo: ¿El cronómetro tiene algún mecanismo para hacer que el puntero adelante una división cada vez que complete un viaje de ida y vuelta?

---

9 Perteneciente al referente de los movimientos.

Kreiva: Así es. El mecanismo de escape del cronómetro permite que el puntero pase de una división a la siguiente cada vez que el pulso regresa al espejo inferior.

Novulo: Entonces ¿cada división del cronómetro de la Estación equivaldría a una duración de un segundo?

Fiskajn: Exacto.

Novulo: Bueno, y si el cronómetro está en movimiento ¿qué cambios ocurrirían?

Kreiva: Para analizar esta situación es conveniente considerar el escenario formado por el Tren y la Estación.

Fiskajn: Se va a asumir que el Tren se mueve con una velocidad de tres metros por segundo, respecto a la Estación.

Kreiva: En este caso los espejos del cronómetro del Tren se alejarían del centro de propagación del pulso, el cual permanece fijo en el referente de los movimientos, que es la Estación.

Novulo: ¿Aunque el pulso sea emitido por el cronómetro del Tren?

Kreiva: Así es. El pulso se propaga desde el punto donde se emite en el sistema que se escoja como referente de los movimientos.

Fiskajn: Por lo tanto, el pulso que funciona como oscilador para el cronómetro del Tren móvil, se propaga en el sistema de la Estación.

Novulo: Entonces, ¿cuál será la demora para que el pulso haga el viaje de ida y vuelta entre los espejos del cronómetro del Tren?

Fiskajn: Debe tenerse en cuenta que esos espejos se mueven con la misma velocidad del Tren..

Kreiva: Sí; y mientras el pulso luminoso que sale del espejo inferior del Tren alcanza al espejo superior, este último se ha desplazado cierta distancia respecto al sistema de la Estación.

Fiskajn: En tal caso, el pulso completa primero el recorrido de ida y vuelta entre los espejos de la Estación que entre los espejos del Tren.

Novulo: Entonces ¿el regreso del pulso al espejo inferior del cronómetro de la Estación no es simultánea con la llegada del pulso al espejo inferior del cronómetro del Tren?

Kreiva: No, no lo es, ya que el espejo de la Estación espera en reposo al pulso, mientras que el espejo del Tren se aleja del centro de propagación con la misma velocidad del Tren.

Fiskajn: Por consiguiente, el recorrido del pulso para regresar al espejo inferior de la Estación es menor que el recorrido para alcanzar al espejo inferior del Tren.

Kreiva: En efecto. En la figura 9 se muestran dos porciones del pulso en tres posiciones sucesivas. Una de ellas se refleja en el espejo de la Estación, mientras que la otra se refleja en el espejo del Tren móvil.

Novulo: ¿Ambas porciones, luego de reflejarse, parecen propagarse desde el punto A' ?

Fiskajn: Así es. Las porciones que tienen el mismo número en ambos trayectos corresponden al pulso en el mismo instante.

Kreiva: Correcto. Las porciones con el número 1 corresponden al pulso expandiéndose desde el centro de propagación, que coincide con el espejo A de la Estación.

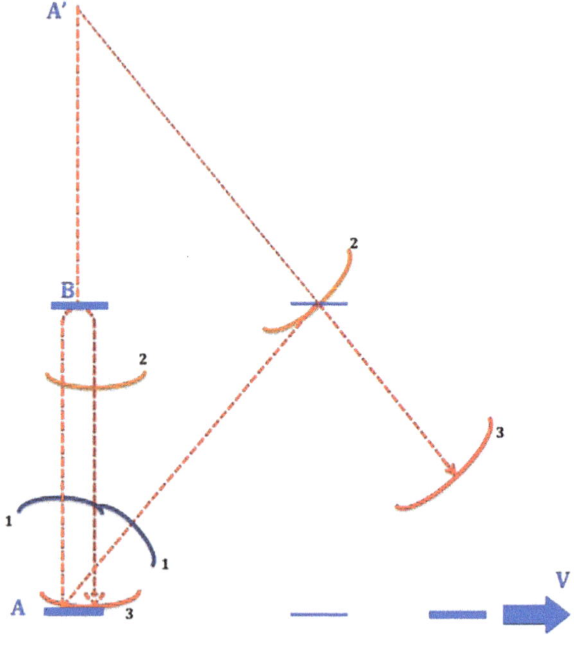

Figura 9

Fiskajn: Mientras que las que tienen los números 2 y 3 corresponden al pulso expandiéndose desde el punto A'.

Novulo: Pero en la figura 9 se ve que mientras la porción 3 completa el viaje entre los espejos inmóviles de la Estación, aún no completa dicho viaje entre los espejos del Tren móvil.

Kreiva: Exacto. Esto significa que la demora para hacer el viaje de ida y vuelta entre los espejos estáticos es menor que el lapso para hacer el mismo viaje entre los espejos móviles.

Novulo: Entonces ¿la unidad de tiempo del cronómetro móvil no es igual a la unidad de tiempo del cronómetro estático?

Kreiva: Claro que no. La unidad de tiempo del cronómetro de la Estación es menor que la unidad de tiempo del cronómetro móvil del Tren.

Novulo: Pero cuando el Tren sea el referente de los movimientos su unidad de tiempo será menor que la unidad de la Estación.

Kreiva: Efectivamente. Esas unidades siempre serán diferentes, pues cuando la Estación es referente de los movimientos el Tren es móvil, y si este último es el referente de los movimientos, entonces la Estación es móvil

Fiskajn: Sí. En cualquiera de los dos casos dichas unidades serán diferentes.

Novulo: Entonces ¿no sería conveniente distinguirlas?

Fiskajn: De acuerdo. La unidad de tiempo de la Estación se identificará como segundo, y la del Tren como segundo'.

Kreiva: Es conveniente aclarar un poco la diferencia entre esas unidades.

Novulo: Sí, porque los cronómetros del Tren y de la Estación son idénticos.

Kreiva: Esas unidades se diferencian de la misma manera que se diferencia el color de la luz emitida por una lámpara de sodio situada en el Tren, cuando es comparada con la luz emitida por otra lámpara idéntica situada en la Estación.

Novulo: Si son lámparas idénticas, entonces ambas emiten luz de color anaranjado.

Kreiva: Eso no se discute, pero lo que interesa es comparar sus colores en la Estación, cuando aparezcan, una junto a la otra, sobre una pantalla.

Fiskajn: De acuerdo. Cuando las lámparas del Tren y de la Estación se alejan una de otra, el color de la pantalla iluminada por la lámpara del Tren resulta más rojiza que la iluminada por la lámpara de la Estación.

Kreiva: Exacto. Eso ocurre en la pantalla de la Estación; pero si se hace la misma comparación sobre una pantalla situada en el Tren, es la luz de la lámpara de la Estación la que aparece más rojiza que la del propio Tren.

Novulo: Aunque ninguna de las dos lámparas haya cambiado el color de la luz que emite.

Kreiva: Así es. Pero al compararlas en un sistema determinado, el color de la luz emitida en el otro sistema resulta modificado.

Fiskajn: O sea que si los dos sistemas están en movimiento relativo registrarán esa diferencia en la pantalla iluminada por ambas lámparas.

Kreiva: Correcto. Y eso mismo ocurre con el segundo y el segundo'. Sin embargo, esa similitud entre los colores y las unidades de tiempo no es perfecta, ya que la relación entre estas últimas no se ve afectada si los dos sistemas se acercan en lugar de alejarse uno de otro.

Fiskajn: Mientras que, en este último caso, el color de la pantalla iluminada por la luz proveniente del sistema móvil se torna azulosa, en lugar de rojiza.

Kreiva: Así es. Por su parte, la relación entre el segundo y el segundo' solo depende de la velocidad relativa entre los dos sistemas.

Fiskajn: Ahora, es necesario examinar cómo se relacionan dichas unidades.

Kreiva: Por supuesto. Se sabe que mientras el pulso alcanza al espejo móvil B, y regresa hasta el espejo móvil A, habrá transcurrido cierto lapso temporal en la Estación.

Novulo: ¿Cuánto dura ese lapso?

Fiskajn: Su duración se determina con el cronómetro de la Estación.

Novulo: ¿El que se quedó inmóvil?

Kreiva: Exacto. Dicha duración, medida en la Estación, corresponde a la demora del pulso luminoso para hacer el recorrido entre los espejos móviles del Tren. Esto puede verse en la figura 10.

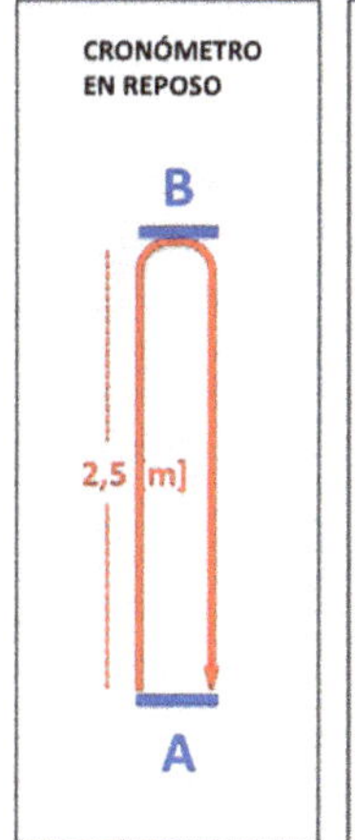

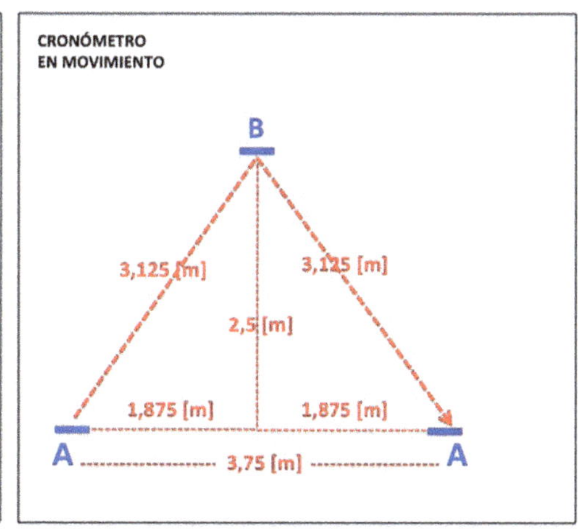

Figura 10

61

Kreiva: Así es. Para completar una unidad de tiempo en el cronómetro de la Estación, el pulso debe recorrer 5 metros, mientras que para completar una unidad de tiempo del cronómetro del Tren debe recorrer 6,25 metros, como se ilustra en la figura 10.

Fiskajn: De acuerdo. Para realizar 5 oscilaciones entre los espejos de la Estación debe recorrer 25 metros; pero ese recorrido le alcanza para realizar solo 4 oscilaciones entre los espejos del Tren móvil.

Kreiva: Efectivamente. Puede decirse que cuatro segundos' duran lo mismo que cinco segundos.

Novulo: ¿Entonces, cuatro segundos' del Tren móvil equivalen a cinco segundos de la Estación?

Kreiva: Así es. Sin embargo, esta proporción se invierte cuando el Tren se desempeña como referente de los movimientos.

Fiskajn: En ese caso mientras el pulso efectúa cinco oscilaciones en el cronómetro del Tren, completa cuatro en el de la Estación móvil.

Kreiva: Exactamente. En tal caso cuatro segundos duran lo mismo que 5 segundos'.

Capítulo 10
Cronómetro de doble escala

En todo sistema los cronómetros tienen doble escala: las divisiones de la escala propia son las de menor tamaño.

Novulo: ¿Cómo se emplearía el cronómetro de doble escala?

Kreiva: Los datos temporales del Tren móvil se registrarían en la escala externa del cronómetro de la Estación.

Fiskajn: Esta escala corresponde a los datos procedentes del sistema móvil.

Kreiva: Y su valor equivalente en el sistema de la Estación se encontrarían en la escala interna, tal como se ilustra en la figura 11.

Fiskajn: Hay que tener en cuenta que estas escalas están calculadas para una velocidad del Tren respecto a la Estación de tres metros por segundo.

Kreiva: Es cierto, estas escalas dependen del valor de la velocidad del Tren.[10]

Novulo: Entonces, si se sabe que un proceso en el Tren demoró ocho segundos' ¿este valor se hace corresponder a la división ocho en la escala externa del cronómetro de doble escala de la Estación?

Kreiva: Exactamente. Ese valor en la escala externa coincide con el valor de 10 segundos en la escala interna, como se muestra en la figura 11, el cual corresponde a la demora del proceso en la Estación.

---

10 Y una velocidad de propagación luminosa igual a cinco metros por segundo.

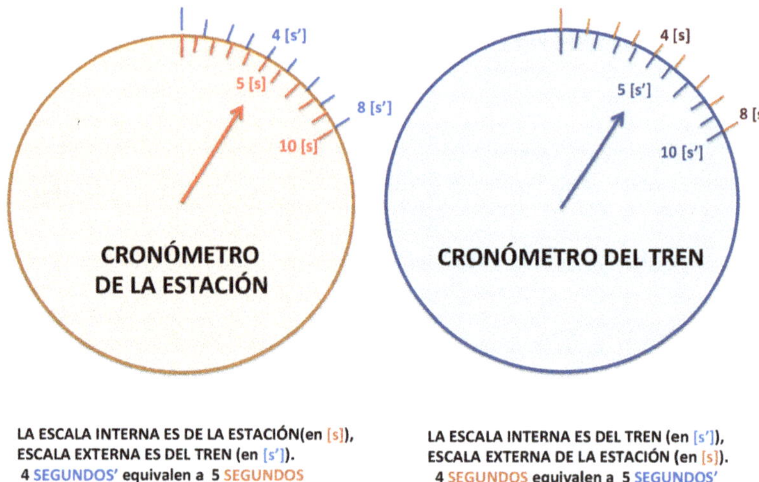

Figura 11

Fiskajn: De acuerdo con esa figura, durante cierto lapso el puntero del cronómetro rota determinado ángulo, pero el valor registrado en cada una de las escalas es diferente.

Kreiva: Sí, una de ellas serviría para asignarle un valor numérico al lapso en el sistema de la Estación y la otra para asignarle otro en el sistema del Tren.

Novulo: Entonces ¿el lapso que transcurre en el Tren es el mismo que transcurre en la Estación?

Kreiva: Existen dos formas de interpretar este asunto. Una de ellas considera que en ambos sistemas transcurre el mismo lapso, solo que, al medirlo con el cronómetro del Tren móvil, es evaluado con unidades de tiempo más grandes que las de la Estación.

Novulo: Entonces ¿al lapso se le asignará un mayor número de unidades en el sistema que tenga la unidad de menor tamaño?

Kreiva: En efecto. El mismo lapso será medido con mayor número de unidades en el referente de los movimientos, cuyas unidades son de menor tamaño que las del sistema móvil.

Fiskajn: El cronómetro de la izquierda en la figura 11 corresponde al sistema de la Estación y el de la derecha al Tren.

Kreiva: Así es. Cuando la Estación es el referente de los movimientos su cronómetro es el que tiene las unidades de menor tamaño, y cuando el Tren es el referente de los movimientos su cronómetro es el que tiene las unidades menores.

Novulo: ¿Cuál es la otra forma de interpretar la diferencia en las medidas del lapso hechas en el Tren y en la Estación?

Kreiva: Con el fin de que se comprenda la idea, es mejor ilustrarla con un ejemplo. Supóngase que en el Tren y en la Estación tienen recientes con la misma cantidad de bacterias, cuya población se triplica mientras el puntero del cronómetro adelanta 10 unidades.

Novulo: ¿El cronómetro del Tren o de la Estación?

Kreiva: El de ambos. La población de bacterias crece de igual manera en ambos sistemas, según el cronómetro de cada uno de ellos.

Novulo: Es decir, ¿las del Tren se triplican mientras el cronómetro de ese sistema adelanta 10 segundos', y se triplican en la Estación mientras el cronómetro de ese otro sistema adelanta 10 segundos?

Kreiva: Efectivamente. Como se muestra en la parte (A) de la figura 12, la población de bacterias se triplica antes en la Estación que en el Tren, de acuerdo al cronómetro de la Estación.

Fiskajn: Pero en la parte (B) de esa figura se muestra lo contrario.

Novulo: ¿Cuál de las dos situaciones es la verdadera?

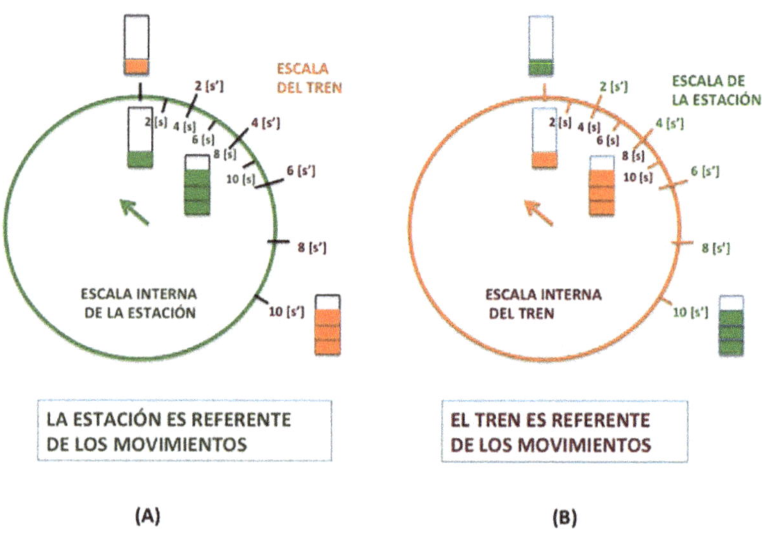

Figura 12

Kreiva: Ambas son verdaderas. Si no fuera así, los procesos biológicos permitirían determinar cuál sistema es el que está en movimiento.

Fiskajn: De acuerdo. Entonces, cada sistema tiene su propio tiempo. No existe un tiempo común para el Tren y la Estación.

Kreiva: Exactamente. El tiempo transcurre en cada sistema con el ritmo que indican sus cronómetros.

Fiskajn: Es como si las bacterias crecieran de acuerdo al tic - tac del cronómetro de su propio sistema.

Kreiva: Así es. De acuerdo con esta interpretación, los fenómenos naturales evolucionan de acuerdo con los cronómetros de cada sistema.

Fiskajn: Es decir, la descripción de las leyes naturales en la Estación y en el Tren son iguales, siempre y cuando sean descritas con los propios cronómetros de cada sistema.

Kreiva: Correcto. En ambos sistemas emplean los mismos textos científicos, y realizan los mismos experimentos; pero en cada uno deben regirse por sus propios cronómetros.

Capítulo 11
Factor de transformación

El factor $k = (1 - V^2/c^2)^{1/2}$ permite transformar las unidades de las magnitudes espaciales y temporales de un sistema móvil a unidades del referente de los movimientos.

Novulo: ¿Cómo se calcula la proporción entre los segundos' del Tren y los segundos de la Estación?

Kreiva: Esta proporción depende, a su vez, de la proporción que hay entre la velocidad con que se mueve el Tren respecto a la Estación y la velocidad de propagación del pulso luminoso en el propio sistema de la Estación.

Fiskajn: Exacto. Se sabe que la velocidad del cronómetro móvil y sus espejos, respecto a la Estación, es la misma velocidad del Tren.

Kreiva: Entonces, se supone para el Tren una velocidad de V metros por segundo, y para la propagación luminosa una velocidad de c metros por segundo.

Fiskajn: También puede suponerse que el pulso luminoso se demora T_M segundos en alcanzar al espejo superior del Tren, mientras el espejo se desplaza una distancia VT_M metros, en dirección horizontal, como se muestra en la figura 13.

Kreiva: Esto significa que el pulso luminoso se desplaza en la Estación cT_M metros, mientras el espejo del cronómetro se desplaza, en ese mismo sistema, VT_M metros.

Fiskajn: Así es. Si la separación vertical entre los espejos es H metros, se puede establecer una relación entre dicha separación y las distancias cT_M metros y VT_M metros.

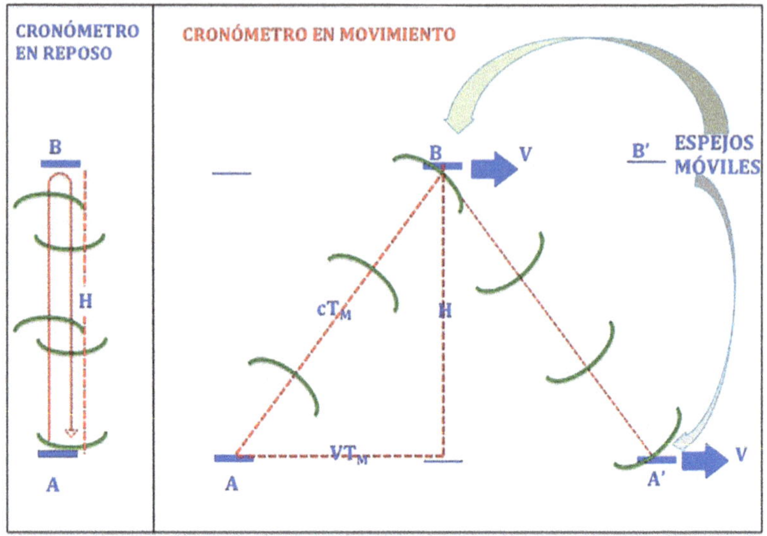

Figura 13

Kreiva: Esa relación está dada por la fórmula según la cual el cuadrado de la diagonal de un triángulo rectángulo es igual a la suma de los cuadrados de sus otros dos lados.

Fiskajn: De acuerdo. Aplicando dicha fórmula, se obtiene, entonces, que T_M es igual a $H/(c^2 - V^2)^{1/2}$.

Kreiva: Por lo tanto, la demora del pulso luminoso para hacer el viaje de ida al espejo superior del Tren y luego regresar al espejo inferior, es de $2T_M$ segundos.

Fiskajn: A la izquierda de la figura 13 puede verse el cronómetro de la Estación.

Kreiva: Claro. Si en este cronómetro la demora del pulso luminoso para ir desde el espejo inferior al superior es T segundos, entonces, el viaje de ida y vuelta dura 2T segundos.

Fiskajn: Por lo tanto, la unidad de tiempo de la Estación es de 2H/c segundos.

Kreiva: Mientras que, la demora para que el pulso haga el viaje entre los espejos móviles es $2T_M$, es decir, $2H/c$ $(1 - V^2 /c^2)^{1/2}$ segundos.

Fiskajn: Esta sería **la** duración, en la Estación, de la unidad de tiempo del cronómetro móvil.

Kreiva: Sí, pero ya que la unidad de tiempo de la Estación dura $2H/c$ segundos, puede establecerse una relación entre la duración de ambas unidades.

Fiskajn: Haciendo esto se obtiene que $2T_M$ es igual a $2T/(1 - V^2 /c^2)^{1/2}$.

Novulo: ¿$2T_M$ es el segundo', mientras que $2T$ es el segundo?

Fiskajn: Exacto. Si se tiene en cuenta que $(1 - V^2 /c^2)^{1/2}$ es igual a k, puede decirse que un segundo' es igual a un segundo dividido por k.

Novulo: ¿Por eso se dice que k segundos' equivalen a un segundo?

Kreiva: Así es. En general, podría decirse que, si k es la fracción p/q, entonces, p segundos' equivalen a q segundos.

Fiskajn: Claro. Por eso, cuando k = 4/5, entonces cuatro segundos' del Tren equivalen a cinco segundos de la Estación.

Kreiva: Eso se cumple cuando la Estación es el referente de los movimientos; pero si ese papel lo desempeña el Tren, entonces cuatro segundos de la Estación equivalen a cinco segundos' del Tren.

Capítulo 12
Aproximación del pulso al espejo superior

La velocidad con que se propaga la luz en el referente de los movimientos puede ser mayor o menor que la velocidad con que se aproxima a una partícula móvil, en ese mismo sistema.

Fiskajn: Hay algo en el proceso de aproximación del pulso luminoso al espejo superior del cronómetro móvil que sería conveniente aclarar.

Kreiva: Por supuesto. Se debe tener en cuenta que la luz se propaga alejándose del punto de emisión M_E con la misma velocidad c metros por segundo en todas las direcciones.

Novulo: Eso ya se había dicho.

Kreiva: Sí, pero ahora se va a asumir que el pulso de luz está compuesto por diversas porciones que van propagándose en diferentes direcciones, formando una superficie esférica cada vez mayor.

Fiskajn: Esto implica que en cada momento hay una porción diferente del pulso que es la más próxima al espejo móvil.

Kreiva: Así es. En la figura 14 se muestran tres posiciones sucesivas del pulso, y en cada una se resalta la porción más cercana al espejo móvil.

Fiskajn: De acuerdo con dicha figura, inicialmente una porción del pulso, que podría identificarse como la porción

1, es la que está más próxima al espejo superior, que ocupa la posición B_1.

Kreiva: Sí, y más tarde es la porción 2 del pulso la que está más próxima a la posición B_2 del espejo.

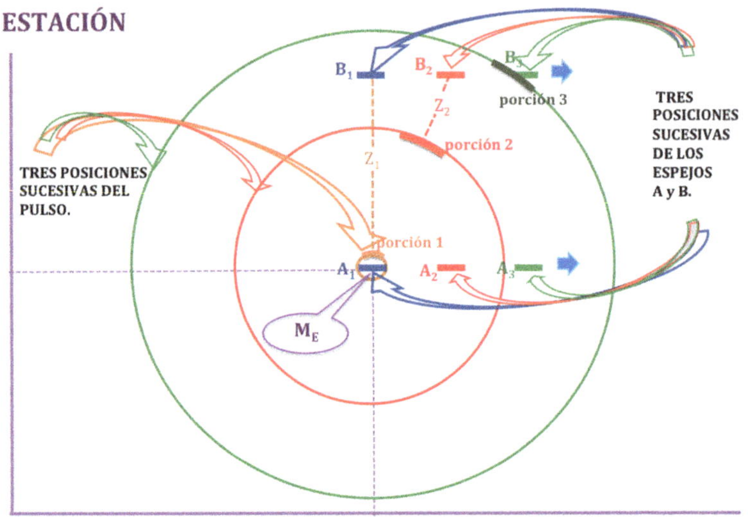

Porción 1, porción 2, porción 3: **tres porciones diferentes del pulso.**

Figura 14

Fiskajn: Correcto. En cada instante cambia la porción del pulso luminoso que está más próxima al espejo.

Novulo: ¿Y cómo iría variando la separación entre el pulso y el espejo?

Kreiva: Esta separación está dada por Z_1 cuando el espejo ocupa la posición B_1, y por Z_2 cuando este ocupa la posición B_2.

Fiskajn: Pero, como se ve en la figura 14, dicha separación se mide cada vez entre el espejo y una porción diferente del pulso.

Kreiva: Sí, así es. Sin embargo, como la separación en cada instante se mide con una porción diferente del pulso, la rapidez promedia de aproximación del pulso luminoso como un todo, al espejo, ya no es **c** metros por segundo.

Fiskajn: Es cierto, pero no es porque el pulso se propague con una velocidad diferente a **c** metros por segundo.

Kreiva: Completamente de acuerdo. La velocidad de propagación del pulso luminoso en todas las direcciones, horizontal, vertical y oblicua es **c** metros por segundo, mientras que la velocidad del espejo es solamente de **V** metros por segundo horizontal.

Fiskajn: Pero si el pulso es una superficie extensa, que se aproxima al espejo en cada momento con una porción diferente, la rapidez de aproximación entre pulso y espejo es difícil de calcular.

Kreiva: No; bastaría con calcular la rapidez con que el espejo se aleja radialmente de M_E en cada instante, para luego restarla de la rapidez con que se aleja el pulso de ese mismo punto.

Fiskajn: Correcto. Ya se ha dicho que esta última es constante, e igual a **c** metros por segundo. Quedaría por calcular la rapidez con que el espejo se aleja radialmente de M_E, en cada instante.

Kreiva: Para hacer este cálculo se procedería de la misma manera que se hace para calcular la rapidez con que una embarcación se aproxima a la playa, cuando se mueve en dirección oblicua respecto a ella.

Novulo: Pero ¿la embarcación se estaría moviendo en aguas quietas como las de un lago?

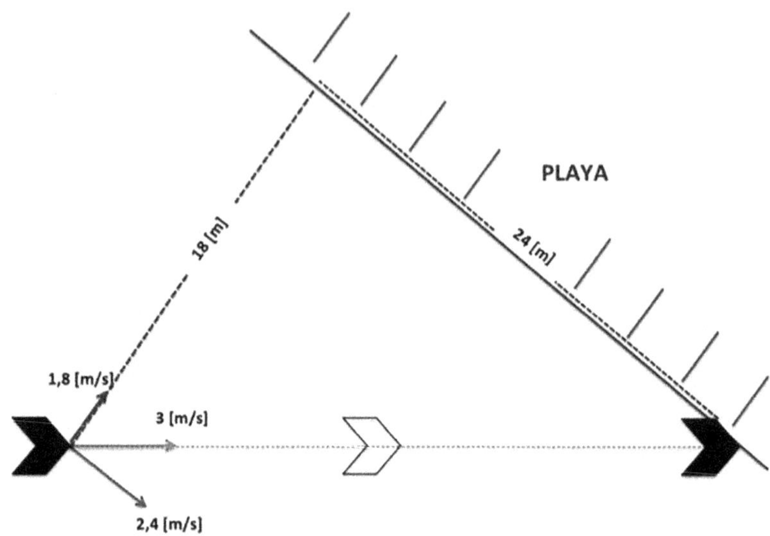

Figura 15

Kreiva: Así es. Como se puede ver en la figura 15, si la velocidad de la embarcación es de 3 metros por segundo en dirección oblicua a la playa, su separación a la misma estará decreciendo con una rapidez igual a 1,8 metros por segundo.

Novulo: Entonces, si su distancia a la playa es de 18 metros, se demorará 10 segundos en tocar tierra.

Fiskajn: Mientras tanto recorrerá 30 metros en el agua, a lo largo de la diagonal.

Kreiva: De igual forma ocurre con el espejo móvil y el centro de propagación M_E.

Fiskajn: Correcto. Si la velocidad del espejo, en cualquier momento, es de V metros por segundo en dirección horizontal, dicho espejo se alejará de M_E, en dirección radial, con una fracción de su velocidad que es diferente en cada momento.

Novulo: ¿Cuál sería esa fracción?

Kreiva: Podría decirse que cuando el espejo se ha desplazado 1,5 metros, como se muestra en la figura 16, la velocidad con que el espejo se aleja radialmente de M_E es 1,54 metros por segundo.

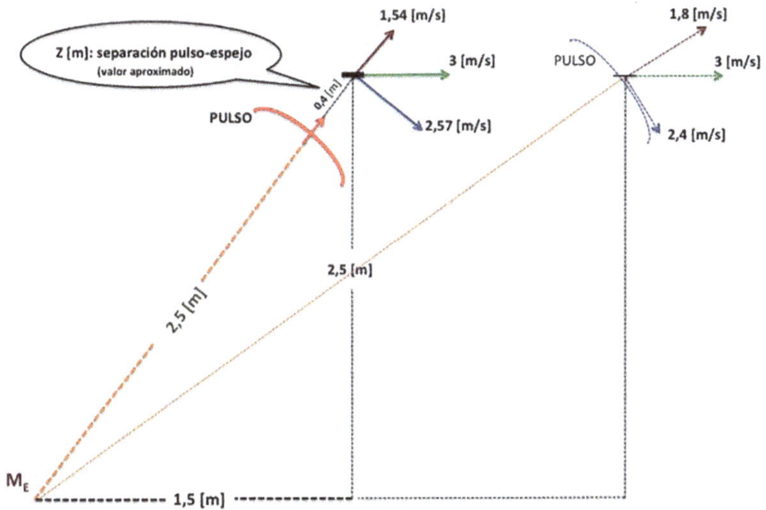

Figura 16

Fiskajn: De acuerdo. Por otra parte, el pulso está separado del espejo 0,4 metros y la rapidez con que disminuye esa separación es 3,46 metros por segundo.

Novulo: Pero sólo en ese momento, pues más tarde la inclinación de la línea que une a M_E con el espejo será otra.

Fiskajn: Por supuesto. Y la rapidez con que la embarcación se aleja radialmente de M_E será mayor. Sin embargo, finalmente es alcanzada, como se observa en la figura 16.

Capítulo 13
Longitud móvil

La longitud móvil de un objeto debe medirse sin detenerlo; es decir, sin que el medidor esté en reposo respecto al objeto.

Novulo: ¿Qué se entiende por longitud móvil de un objeto?

Kreiva: Es la longitud que se le mide al objeto mientras está en movimiento.

Novulo: ¿No bastaría con estar sobre el objeto y ver cuántas veces cabe el patrón de medida en dicho objeto?

Kreiva: No, de ninguna manera. Así se mediría en reposo, pues el patrón de medida estaría quieto respecto al objeto medido.

Fiskajn: Para medirlo en movimiento se requiere que el objeto se mueva respecto al dispositivo que lo mide.

Kreiva: Sin embargo, no es necesario que el objeto se mueva a altas velocidades, pues se pueden considerar velocidades de la vida cotidiana.

Fiskajn: Por ejemplo, cuando se emplean vehículos cuyas velocidades no superen los 100 kilómetros por hora.

Kreiva: De acuerdo. Podría ser un barco desplazándose a 54 kilómetros por hora, en una zona sin vientos ni corrientes.

Fiskajn: Se puede medir la longitud del barco mediante una lancha rápida que se desplace en la misma dirección que este, a una velocidad de 90 kilómetros por hora.

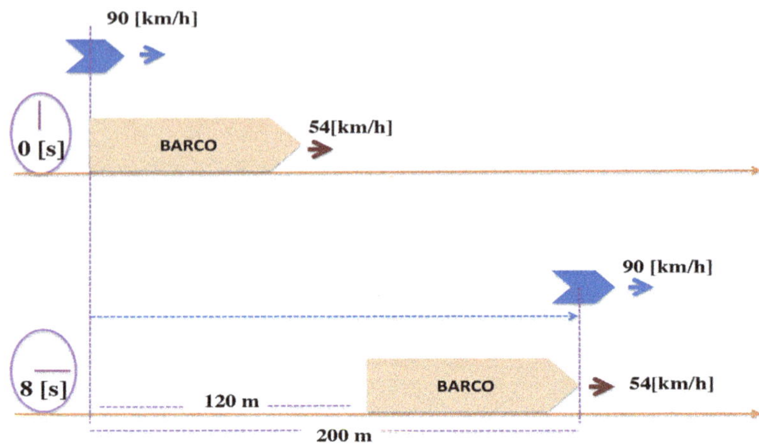

Figura 17

Novulo: Entonces ¿la lancha se desplazaría sobre el agua 25 metros cada segundo, mientras que el barco se desplazaría 15 metros en ese mismo lapso?

Kreiva: Correcto. Ahora se va a asumir que logra sobrepasarlo desde la popa hasta la proa en un tiempo de ocho segundos.

Fiskajn: Entonces, en esos ocho segundos la lancha se desplazaría 200 metros sobre el agua, mientras que el barco solo se desplazaría 120 metros.

Kreiva: Exacto. La figura 17 ilustra muy claramente esta situación.

Novulo: Pero ¿cómo se calcularía la longitud del barco?

Kreiva: Empleando la demora que tuvo la lancha en sobrepasarlo.

Novulo: ¿Multiplicando esa demora por la velocidad de la lancha?

Fiskajn: No, de ninguna manera. Así se haría si el barco estuviera en reposo respecto al agua.

Kreiva: Por supuesto. Pero, en este caso, durante esos ocho segundos el barco logró desplazarse 120 metros mientras la lancha lo sobrepasaba.

Fiskajn: Exactamente. Durante esos ocho segundos que demora el sobrepaso, la velocidad relativa de la lancha respecto al barco es de 10 metros por segundo.

Novulo: ¿Es decir, que la lancha tiene una velocidad respecto al agua de 25 metros por segundo, pero su velocidad respecto al barco es de 10 metros por segundo?

Kreiva: Correcto. Esto implica que la lancha recorre la longitud del barco con una velocidad de 10 metros por segundo.

Fiskajn: Entonces, la longitud del barco sería de 80 metros.

Novulo: ¿No se podrían restar los desplazamientos de la lancha y el barco, como se ven en la figura 17?

Kreiva: Claro que sí, pero interesa emplear la velocidad relativa entre ambos y la demora de la lancha para sobrepasar al barco.

Novulo: ¿Y si la lancha hiciera el recorrido en sentido inverso?

Fiskajn: Es precisamente lo que se muestra en la figura 18.

Novulo: ¿Cuál sería la velocidad de la lancha respecto al barco en este caso?

Fiskajn: Sería de 40 metros por segundo.

Kreiva: Así es. En este caso, la lancha tardaría dos segundos para recorrer el barco desde la proa hasta la popa.

Fiskajn: Sí. En este lapso la lancha se desplazaría 50 metros sobre el agua, mientras que el barco se desplazaría 30 metros, también sobre el agua, pero en sentido contrario.

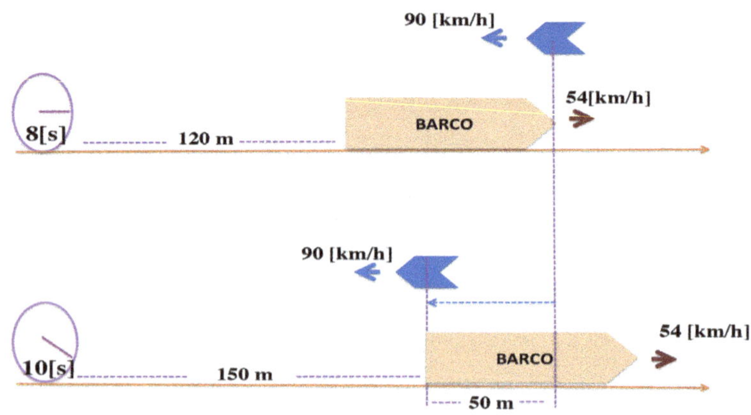

Figura 18

Kreiva: Por lo tanto, durante estos dos segundos, el desplazamiento de la lancha respecto al barco es de 80 metros.

Fiskajn: Que confirma el resultado anteriormente obtenido para la longitud móvil del barco.

Novulo: La cual coincide con su longitud medida en reposo.

Kreiva: De acuerdo; pero lo que realmente interesaba era medir segmentos en movimiento, basándose en la demora para recorrerlos en viaje de ida y vuelta. Próximamente se volverá a emplear.

Capítulo 14
Distanciómetro

Las distancias se miden con lapsos temporales.

Fiskajn: Es preciso examinar un procedimiento general para la medición de longitudes, de la misma forma que se hizo para la medición de lapsos temporales.

Kreiva: De acuerdo. Existen métodos modernos para hacer tal medición. Uno de ellos es el método óptico empleado en los distanciómetros.

Novulo: ¿Es el dispositivo que se ilustra en la figura 19?

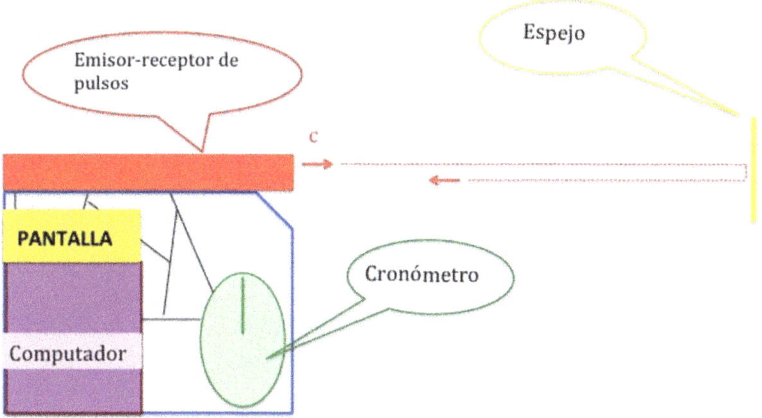

Distanciómetro

Figura 19

Fiskajn: Correcto. Estos dispositivos calculan la distancia entre dos puntos por la demora de un pulso luminoso en recorrer dos veces el segmento que se quiere medir.

Kreiva: Para ello se cuenta con un sistema que funciona a la vez como emisor y receptor de pulsos luminosos, y un cronómetro acoplado a un computador en cuya pantalla se puede leer la longitud del segmento medido.

Novulo: ¿El computador realiza el proceso de cálculo de la longitud del segmento?

Kreiva: Sí, multiplicando la velocidad de la luz por la mitad del tiempo que demore el pulso luminoso para recorrerlo en viaje de ida y vuelta.

Novulo: ¿Y por qué de ida y vuelta? Bastaría con registrar el tiempo que gasta el pulso luminoso para hacer el viaje de ida.

Fiskajn: No, ya que el cronómetro del distanciómetro se activa con la salida del pulso y se detiene con el regreso del mismo.

Kreiva: Así es. Si se emplea esta demora y la velocidad de la luz, el propio aparato calcula automáticamente el valor de la longitud.

Novulo: Entonces ¿si T segundos es la demora para recorrer el segmento en viaje de ida y vuelta, la longitud del segmento sería (cT/2) metros**?**

Fiskajn: Exacto. Y si dicho viaje demora (2/c) segundos, la longitud recorrida sería de un metro.

Kreiva: Correcto. Si se emplea el valor de cinco metros por segundo para la velocidad de la luz, puede decirse que, si el segmento tiene la longitud unitaria, o sea, es el metro patrón, entonces un pulso luminoso se demoraría (2/5) segundos para recorrerla en viaje de ida y vuelta.

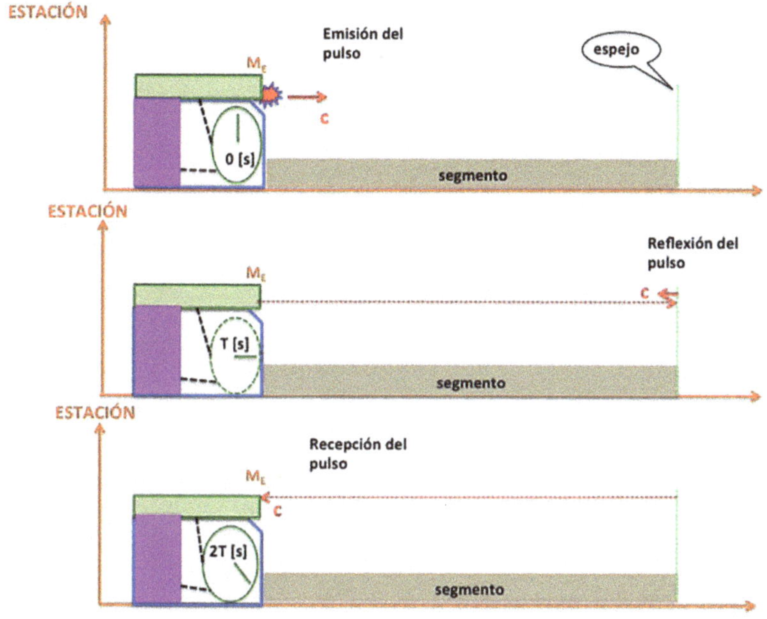

Figura 20

Fiskajn: Sí. El computador del distanciómetro está calibrado para reconocer cada segundo de demora, como 2,5 metros de longitud.

Novulo: O sea que ¿si el pulso se demora 10 segundos en recorrer un segmento, en viaje de ida y vuelta, en la pantalla del distanciómetro aparece la longitud 25 metros?

Fiskajn: Exacto. El proceso se muestra en la figura 20.

Kreiva: Para que esta calibración resulte correcta hay que mantener, durante el proceso de medida, el distanciómetro unido fijamente al extremo del segmento que se mide.

Fiskajn: Sí, porque si en este proceso se deja, por algún descuido, una separación, por pequeña que sea, entre el distanciómetro y el segmento, el pulso experimentaría una demora en recorrerla, incrementando la duración del recorrido.

Kreiva: Entonces, esto alteraría la evaluación de la longitud.

Capítulo 15
La sombra

La longitud de un segmento móvil se obtiene midiendo la "sombra" que este proyecta en el referente de los movimientos.

Kreiva: Es momento de comparar la unidad de longitud del Tren con la unidad de longitud de la Estación, cuando esta última es el referente de los movimientos.

Fiskajn: Entonces, se trata de comparar el metro del Tren móvil con el metro de la Estación.

Kreiva: Efectivamente. Por esta razón, el metro del Tren se denominará metro', así como anteriormente el segundo del Tren se denominó segundo'.

Fiskajn: De acuerdo. Entonces, se trata de establecer en la Estación, la demora para que un pulso luminoso recorra el metro'.

Novulo: Al menos se sabe que la demora en el propio Tren, para que un pulso luminoso recorra un segmento de 80 metros', en viaje de ida y vuelta, es de 32 segundos'.[11]

Fiskajn: Y si la velocidad del Tren es de 3 metros por segundo, esta demora equivale a 40 segundos en la Estación.

Novulo: Pero en ese lapso un pulso luminoso recorre en la Estación un segmento de 200 metros.

Fiskajn: Sí, lo cual equivale a recorrer un segmento de 100 metros, en viaje de ida y vuelta.

---

11 La velocidad con que se propaga el pulso de luz en el Tren es 5 metros' por segundo'.

Kreiva: Así es si el segmento está en reposo, pero si se está moviendo con la misma velocidad del Tren, solo podrá recorrer un segmento de 64 metros.

Novulo: ¿Cuál es la razón?

Kreiva: La velocidad con que el pulso recorre el segmento no es la misma cuando persigue la parte delantera que cuando va al encuentro de la parte trasera.

Fiskajn: Correcto. Ya se vio que durante el viaje de ida la velocidad de aproximación del pulso el extremo delantero del segmento es de 2 metros por segundo, mientras que durante el viaje de vuelta su velocidad de aproximación al extremo trasero es de 8 metros por segundo.

Kreiva: Así es. El pulso se demora 32 segundos para alcanzar el extremo delantero del segmento de 64 metros, en el viaje de ida, y 8 segundos para chocar contra su extremo trasero, en el viaje de vuelta.

Novulo: ¿Qué pasaría si el segmento que mide 80 metros' en el Tren móvil midiera 80 metros en la Estación?

Kreiva: Pues el pulso tardaría 40 segundos para recorrerlo en el viaje de ida y 10 segundos en el de vuelta, por lo que demoraría 10 segundos más.

Fiskajn: Estos 10 segundos adicionales en la Estación equivaldrían a 8 segundos' adicionales en el Tren móvil.

Novulo: Entonces ¿el metro' del Tren móvil es diferente al metro de la Estación?

Kreiva: Así es. Podría pensarse que un segmento de 80 metros' en el Tren proyecta una "sombra" de 64 metros en la Estación, cuando esta última es el referente de los movimientos.

Novulo: Es decir ¿un segmento de 5 metros' proyecta una sombra de 4 metros?

Kreiva: Correcto. Pero también es cierto que, cuando el Tren es el referente de los movimientos, un segmento que mide 5 metros en la Estación proyecta una sombra de 4 metros' en el sistema del Tren.

Fiskajn: Bien. Por lo tanto, se puede decir que el pulso recorre la sombra que el metro' proyecta en el sistema de la Estación.

Kreiva: Así es. Esta sombra se mueve con la misma velocidad del Tren.

Novulo: Entonces ¿lo que el pulso realmente recorre es la sombra del metro' sobre la Estación?[12]

Kreiva: Efectivamente. El pulso, por su parte, se propaga en la Estación con velocidad de c metros por segundo, y la sombra se desplaza respecto a la Estación con la misma velocidad del Tren; es decir, V metros por segundo.

Fiskajn: Entonces, el pulso se aproxima a la parte delantera de la sombra con una velocidad (c −V) metros por segundo.

Kreiva: Sí, en cambio, cuando el pulso hace el viaje de vuelta, se aproxima a la parte trasera de la sombra con una velocidad (c + V) metros por segundo.

Novulo: Igual a lo que ocurría cuando la lancha medía la longitud del barco en movimiento.

---

12 Esta sombra corresponde al tamaño del metro' en el sistema de la Estación.

Fiskajn: Correcto. La velocidad con que la lancha rápida se aproximaba a cada uno de los extremos del barco era diferente a la velocidad con que esta se desplazaba sobre la superficie del agua.

Kreiva: Ahora, en lugar de la lancha se tiene el pulso de luz y, en lugar del barco se tiene la sombra.

Novulo: Entonces ¿se podría calcular la duración, en la Estación, del viaje de ida y vuelta que hace el pulso luminoso sobre esa sombra móvil?

Fiskajn: Sí, pero se debe tener en cuenta que el pulso inicia el viaje de ida en un punto de la Estación y completa el viaje de vuelta en otro punto de la misma, como se observa en la figura 21.

RECORRIDO DEL PULSO EN EL SISTEMA DE LA ESTACIÓN

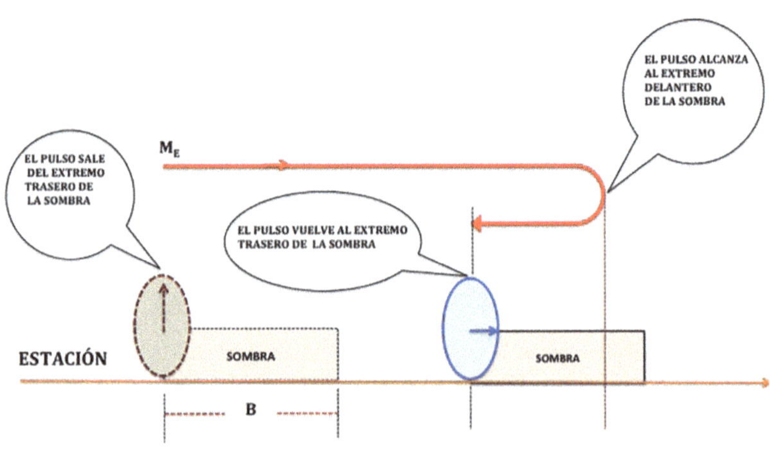

Figura 21

Kreiva: Así es. En la Estación, el lapso temporal entre la salida y regreso del pulso es medido con dos cronómetros diferentes.

Fiskajn: El instante inicial del viaje es registrado por un cronómetro, mientras que el instante final lo registra otro cronómetro.

Kreiva: Exactamente. Uno de ellos está situado en el punto de la Estación desde el cual se emitió el pulso, y que coincide con el extremo trasero de la sombra.

Fiskajn: Mientras que el otro cronómetro se halla situado en el punto de la Estación donde el extremo trasero se encuentra nuevamente con el pulso, luego de que este se reflejara en el extremo delantero.

Novulo: ¿Estos dos cronómetros deben estar previamente sincronizados?

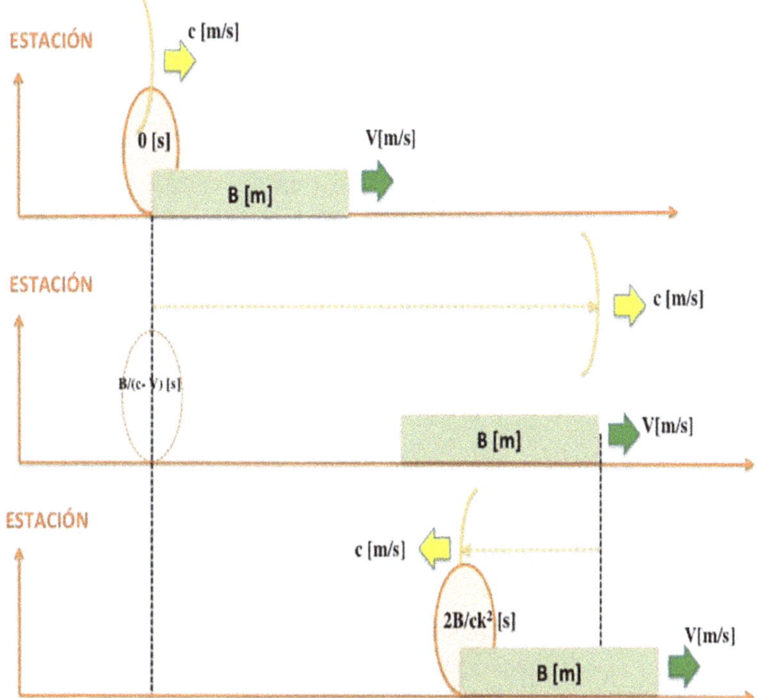

Figura 22

Kreiva: Así es. En la figura 22 se puede ver cuando el pulso sale del extremo trasero de la sombra y recorre una cierta distancia sobre la Estación, mientras la sombra recorre otra menor.

Novulo: Ahora, en el sistema de la Estación ¿cuánto se demora el pulso para alcanzar al extremo delantero de la sombra?

Kreiva: Eso depende de la longitud de la sombra.

Fiskajn: Podría decirse que la sombra del metro' mide B metros. Hay que determinar B.

Kreiva: De acuerdo. Siendo así, la demora del pulso para alcanzar al extremo delantero de la sombra sería $B/(c - V)$ segundos.

Novulo: ¿Y cuánto se demora el pulso para llegar al extremo trasero de la sombra, después de haberse reflejado en su extremo delantero?

Fiskajn: Como el pulso se mueve ahora en sentido contrario, la demora para alcanzar al extremo trasero es de $B/(c + V)$ segundos.

Kreiva: Así es. Por lo tanto, la demora para el recorrido de ida y vuelta en la Estación sería $B/(c - V) + B/(c + V)$, segundos.

Fiskajn: De acuerdo. Si se organizan los términos, la anterior expresión se convierte en $2B/c(1 - V^2/c^2)$ segundos, que también puede escribirse como $2B/ck^2$ segundos.[13]

Kreiva: En un lapso de $2B/ck^2$ segundos el pulso recorre dos veces la sombra; pero con velocidades diferentes para el viaje de ida y de vuelta.

---

13 Donde $(1 - V^2/c^2)^{1/2}$ es igual a k.

Novulo: ¿Cómo se puede averiguar, entonces, el valor de ese lapso, si no se conoce el valor de B?

Kreiva: No se conoce el valor de B, pero se sabe que ese lapso fue medido por el cronómetro del Tren. Su valor fue de (2/c) segundos'.

Fiskajn: Que equivalen a (2/ck) segundos, en el sistema de la Estación.

Kreiva: Exacto. Esta es la demora, en la Estación, para que el pulso recorra la sombra en viaje de ida y vuelta.

Fiskajn: De acuerdo; entonces (1/ck) sería igual a (B/ck^2).

Kreiva: De allí se deduce que B es igual a k.

Kreiva: Por tanto, la longitud de la sombra en el sistema de la Estación es k metros.

Novulo: ¿Esto significa que 1 metro' proyecta una sombra que mide k metros en la Estación?

Kreiva: Así es. Pero si k es la fracción p/q, entonces un segmento de q metros' en el Tren proyecta una sombra de p metros en la Estación.

Novulo: Entonces ¿si k tiene un valor de 4/5, una sombra de 5 metros' mide 4 metros en la Estación?

Fiskajn: De acuerdo. Eso ocurre cuando el segmento que proyecta la sombra es horizontal, pero ¿cómo se procede cuando el segmento es vertical?

Kreiva: Este segmento proyectará una sombra vertical en la Estación, la cual se desplazará en dirección horizontal.

Fiskajn: Entonces se puede calcular el lapso para que un pulso luminoso recorra la sombra que proyecta en la Estación un segmento vertical móvil de 1 metro'.

Novulo: ¿Podría suponerse que la sombra mide Z metros?

Kreiva: Sí. Pero, independientemente de eso, la demora en el Tren para que el pulso recorra el metro' en viaje de ida y vuelta es de 2/5 segundos'.

Fiskajn: Por lo tanto, el pulso se demoraría 1/5 segundos' en alcanzar el extremo superior del metro'.

Novulo: ¿Ese lapso equivale a (1/4) segundos en la Estación?

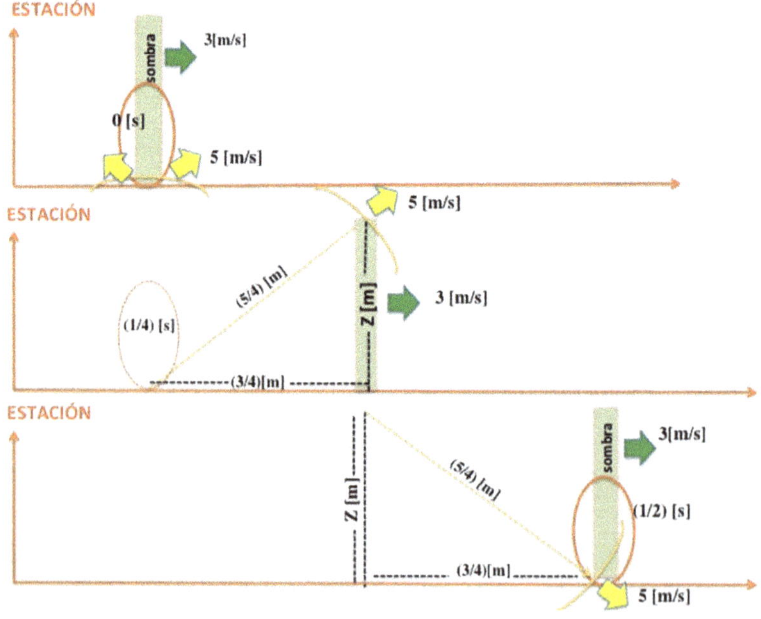

Figura 23

Kreiva: En efecto. Durante ese lapso la sombra vertical avanza (3/4) metros en dirección horizontal, mientras que el pulso se desplaza (5/4) metros, como se puede observar en la figura 23.

Fiskajn: Entonces, en la Estación se puede configurar un triángulo rectángulo, cuya hipotenusa es la distancia recorrida por el pulso, y cuya base mide (3/4) metros.

Novulo: ¿Y la altura de ese triángulo sería la sombra de Z metros?

Kreiva: Así es. Por consiguiente, Z mediría 1 metro.[14]

Novulo: ¿O sea que 1 metro' vertical en el Tren móvil proyecta una sombra en la Estación que mide 1 metro?

Kreiva: Efectivamente. En la dirección vertical la proporción de las medidas en el Tren y en la Estación es de uno a uno, mientras que en la dirección horizontal es de cinco a cuatro.

---

14 En ese triángulo se cumple que $Z^2 = (5/4)^2 - (3/4)^2 = 25/16 - 9/16 = 1$

Capítulo 16
Un ejemplo numérico

La longitud de la sombra de un segmento móvil se mide con un cronómetro del sistema inmóvil.

Fiskajn: Sería conveniente hacer un ejemplo numérico antes de seguir adelante.

Kreiva: Bien. Puede considerarse un segmento del Tren, medido por el distanciómetro de ese mismo sistema.

Fiskajn: De acuerdo. Podría suponerse que mientras el pulso luminoso del distanciómetro recorre el segmento en viaje de ida y vuelta, el puntero del cronómetro del Tren avanza 64 divisiones.

Kreiva: Por lo tanto, la longitud del segmento, referida a la Estación es de 160 metros'.

Novulo: Ahora se trata de medir en la Estación el segmento móvil del Tren.

Fiskajn: Correcto. Al transformar la demora de 64 segundos' a unidades de la Estación, esta se convierte en 80 segundos.

Novulo: Entonces ¿ la demora del pulso para recorrer la sombra del segmento, será de 80 segundos en la Estación?

Kreiva: Así es. Durante este lapso, el pulso luminoso recorre en la Estación una distancia igual a 400 metros, ya que su velocidad de propagación en dicho sistema es de 5 metros por segundo.

Novulo: ¿Y cuánto demora el pulso para hacer el viaje de ida sobre la sombra?

Kreiva: El tiempo de ida es cuatro veces mayor que el tiempo de vuelta.[15]

Fiskajn: Correcto. Ya que el viaje total duró 80 segundos, el tiempo de ida debe ser 64 segundos y el de vuelta 16 segundos.

Novulo: Y ¿cuál sería el recorrido del pulso sobre la Estación durante cada uno de esos lapsos temporales?

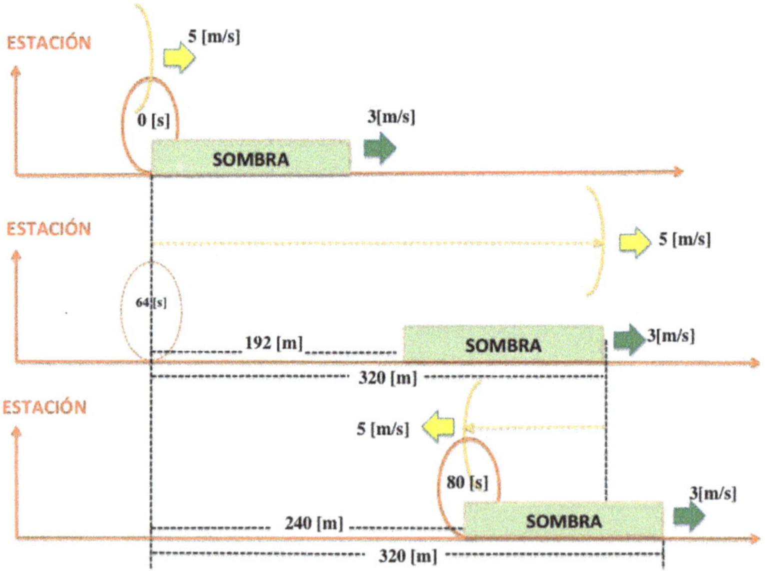

Figura 24

Fiskajn: Durante el tiempo de ida, de 64 segundos, el pulso recorre 320 metros sobre la Estación, y durante el tiempo de vuelta, de 16 segundos, recorre 80 metros. Su re-

---

15 La velocidad con que el pulso se aproxima a la parte delantera de la sombra es la cuarta parte de la velocidad con que se aproxima a la parte trasera.

corrido total en el viaje de ida y vuelta es de 400 metros, como puede apreciarse en la figura 24 .[16]

Kreiva: Pero si se analiza el desplazamiento del pulso sobre la sombra, puede decirse que durante el viaje de ida el pulso recorre dos metros de sombra móvil cada segundo.

Fiskajn: Siendo así, en los 64 segundos que dura el viaje de ida, el pulso recorre 128 metros de sombra.

Novulo: ¿Esta sería la longitud de la sombra en el sistema de la Estación?

Kreiva: Por supuesto. Esto se puede comprobar en el viaje de vuelta del pulso, durante el cual recorre ocho metros de sombra móvil cada segundo; así que en los 16 segundos que dura el viaje de vuelta recorre también los 128 metros que mide la sombra.

Fiskajn: De acuerdo. Si se hace el cálculo de la longitud de la sombra con el tiempo de ida y vuelta y la velocidad promedia con que el pulso la recorre, debe obtenerse el mismo resultado.

Kreiva: Se puede afirmar que la velocidad promedio para el viaje de ida y vuelta es 5(4/5)2 metros por segundo; o sea 3,2 metros por segundo.[17]

Fiskajn: Correcto. Como la duración del viaje completo fue de 80 segundos, entonces la longitud de la sombra es la mitad de 80(3,2) metros.

---

16 Este recorrido lo hace el pulso sobre la Estación mientras alcanza la parte delantera de la sombra, retornando enseguida a la parte trasera de la misma.

17 Como se vio al final de la sesión anterior, el pulso recorre la sombra móvil —en viaje de ida y vuelta— con una velocidad promedio igual a ck^2.

Capítulo 17
Sincronización y desfase

El desfase es como una bisagra que enlaza al marco del espacio con la ventana del tiempo.

Kreiva: Hoy se va a estudiar la sincronización de cronómetros móviles utilizando señales luminosas.

Fiskajn: Podrían utilizarse dos cronómetros idénticos del Tren móvil, separados entre sí una cierta distancia.

Kreiva: Correcto. Los punteros de ambos cronómetros estarían detenidos, señalando el mismo valor, pero empezarían a rotar al llegar hasta cada uno de ellos la señal de sincronización.

Novulo: Entonces ¿los cronómetros se desplazarían en el sistema de la Estación mientras la señal se propaga hacia cada uno de ellos?

Fiskajn: Sí, por supuesto. Ahora, como la Estación es el referente de los movimientos, la señal se aproxima a cada cronómetro con diferente velocidad.

Kreiva: Exacto. En este sistema uno de los cronómetros se mueve al encuentro de la señal de sincronización, mientras que el otro cronómetro huye de ella.

Novulo: ¿Y dónde está el centro de propagación de esta señal?

Fiskajn: Ese centro es M_E y coincide inicialmente con el punto medio entre los dos cronómetros, como se muestra en la figura 25.

Kreiva: Bien. Pero ambos cronómetros se desplazan con el Tren, mientras que el centro de propagación M_E permanecerá fijo en la Estación.

Fiskajn: De acuerdo; todo el proceso se analiza tomando a la Estación como referente de los movimientos.

Kreiva: Así es; pero conviene recordar que la señal se propagará alrededor de M_E con igual rapidez en todas las direcciones.

Novulo: Bien. Entonces ¿una porción de esa señal se dirige hacia uno de los cronómetros y otra porción de la misma señal se dirige hacia el otro?

Kreiva: Exactamente. Además, se identificará como C al cronómetro ubicado en la parte trasera, y como D al que está ubicado en la parte delantera, como se muestra en la figura 25.

Novulo: ¿La separación entre ellos se representaría como x' metros'?

Kreiva: Así es. La porción de la señal que se aproxima al cronómetro C constituye su señal de sincronización, y la porción que persigue al cronómetro D constituye la de este último.

Novulo: Entonces, ¿cómo puede determinarse cuánto demora cada señal, en el sistema de la Estación, para llegar hasta su respectivo cronómetro?

Kreiva: Esto despende de la distancia inicial de cada cronómetro al centro de propagación M_E, y de la velocidad con que se aproxime la señal de sincronización a cada uno de ellos.

Novulo: ¿Cuál es la separación inicial entre los cronómetros que se van a sincronizar y el centro de propagación M_E?

Fiskajn: Para calcularla se podría emplear el tamaño de la sombra que proyecta en la Estación el segmento que separa a los cronómetros C y D.

Kreiva: Muy bien. Sería la sombra que x' metros' proyecta sobre la Estación.

Novulo: ¿El tamaño de esa sombra sería igual a kx' metros?

Kreiva: Sí, como se muestra en la imagen superior de la figura 25.

Fiskajn: Una línea vertical pasa inicialmente por M_E y por la mitad de esa sombra, como se muestra en esa misma figura.

Kreiva: Entonces, la distancia que separa inicialmente los extremos delantero y trasero de la sombra del pie de la perpendicular que pasa por M_E mide (1/2) kx' metros, como se ve en la figura 25

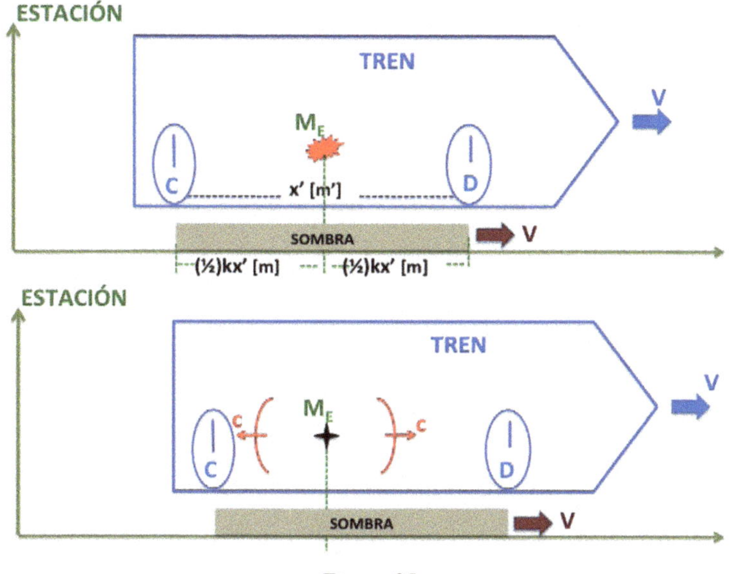

Figura 25

Fiskajn: De acuerdo. Ahora hay que determinar con qué velocidad se aproxima la señal de sincronización a cada extremo de esa sombra.

Kreiva: Muy bien. Habría que empezar por establecer la rapidez con que la señal disminuye su distancia al extremo trasero de la sombra.

Fiskajn: Se sabe que ambos extremos de la sombra se desplazan en la Estación con la velocidad V metros por segundo, mientras que la velocidad de propagación de la señal es c metros por segundo.

Kreiva: Por lo tanto, el extremo trasero de la sombra se encuentra con la señal antes que el extremo delantero.

Novulo: ¿Esto es lo que muestra la imagen inferior de la figura 25?

Fiskajn: Sí. Allí se ve la señal de sincronización que se dirige hacia la parte trasera de la sombra cuando está cerca de ese extremo; mientras tanto, la que se dirige hacia la parte delantera aún está bastante retirada de ese otro extremo.

Kreiva: Podría decirse que la velocidad de aproximación de la señal al extremo trasero de la sombra, en el sistema de la Estación, es (c+V) metros por segundo.

Fiskajn: Mientras que la velocidad de aproximación de la señal al extremo delantero de la sombra es (c − V) metros por segundo.

Kreiva: Entonces, en el sistema de la Estación, la señal se demora [kx'/2(c + V)] segundos para llegar a C, y [kx'/2(c − V)] segundos para llegar hasta D.

Fiskajn: Si se restan esas dos demoras, se encuentra el retardo registrado en el sistema de la Estación para que la señal active al cronómetro delantero D, luego de haber activado al cronómetro trasero C.

Kreiva: Este retardo sería [kx'/2(c − V) − kx'/2(c + V)] segundos; o sea, (Vx'/kc^2) segundos.

Novulo: ¿Esto significa que el cronómetro D es activado (Vx'/kc^2) segundos más tarde que el cronómetro C?

Fiskajn: Así es; este sería el desfase entre esos dos cronómetros en unidades de tiempo de la Estación.

Novulo: ¿El desfase (Vx'/kc^2) segundos podría expresarse en segundos'?

Kreiva: Por supuesto que sí. De acuerdo con el factor de transformación, el desfase entre los cronómetros de C y de D sería (Vx'/c^2) segundos'.[18]

---

18 Debe recordarse que k segundos' equivalen a un segundo.

Capítulo 18
Un ejemplo del desfase

En el sistema móvil existe una demora entre sucesos que ocurren simultáneamente en dos lugares diferentes.

Fiskajn: Un ejemplo sobre el desfase ayudaría a entender con más claridad este asunto.

Kreiva: Bien. Se asume que la velocidad del Tren respecto a la Estación es de tres metros por segundo, y que la separación entre los cronómetros C y D es de 100 metros'.

Fiskajn: Esto implica que C y D presentarían un desfase de 12 segundos' al ser referidos a la Estación.

Novulo: ¿El valor del desfase se calcula con un valor de c igual cinco metros por segundo?[19]

Kreiva: Así es. Ahora bien, un primer suceso ocurre en la vecindad del cronómetro C, en el instante en que este pasa junto al cronómetro A de la Estación, como se ilustra en la figura 26.

Fiskajn: Bien. Se puede asumir que en ese instante el puntero de C señala el valor $t_C = 16$ segundos', mientras que el cronómetro A de la Estación registra el valor $t_A = 2$ segundos.

Kreiva: De acuerdo. Quince segundos más tarde, según los cronómetros de la Estación, ocurre un segundo suceso cerca al cronómetro D.

---

19 El desfase es $Vx'/c^2 = 3(100)/5^2 = 12$, en segundos'.

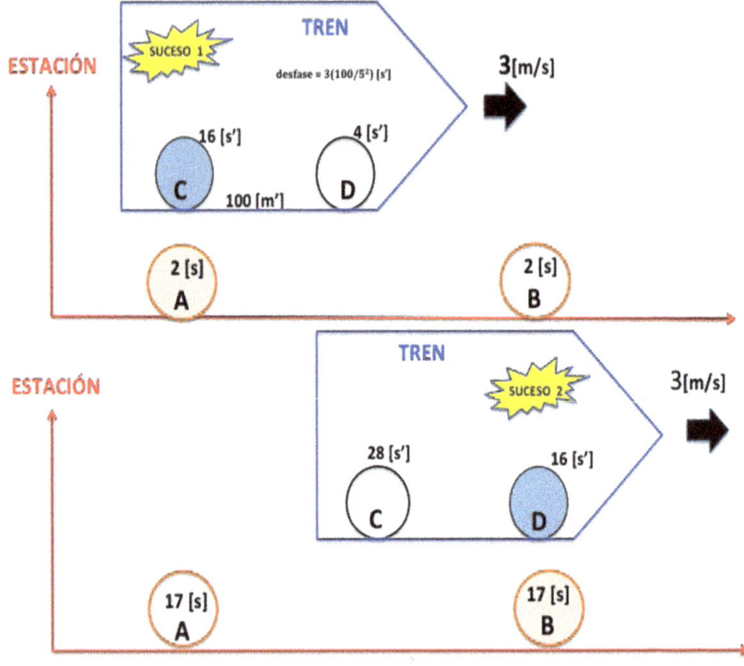

Figura 26

Novulo: ¿Cuándo este pasa junto al cronómetro B de la Estación?

Kreiva: Exacto. En ese instante el puntero del cronómetro D señala el valor 16 segundos', como se registra en la figura 26.

Fiskajn: Para que el puntero del cronómetro D llegue a señalar el mismo valor de 16 segundos', que antes señalaba el puntero del cronómetro C, han debido transcurrir 12 segundos' en el sistema del Tren.

Novulo: Pero ¿esto ocurre cuando el referente de los movimientos es la Estación?

Kreiva: Así es. Por lo tanto, transcurrido ese lapso, los cronómetros C y D quedarían señalando los valores 28 segundos' y 16 segundos', respectivamente, manteniendo su desfase de 12 segundos'.

Fiskajn: De acuerdo. Entonces, según los registros hechos en el propio Tren, el segundo suceso *ocurre en el mismo instante* en que ocurre el primer suceso.

Kreiva: Exactamente. Ambos sucesos son simultáneos en el sistema del Tren, ya que ocurren cuando los cronómetros C y D señalan 16 segundos'.

Novulo: Pero, si ellos están separados por un lapso de 12 segundos' en el Tren ¿cómo pueden ser simultáneos en ese mismo sistema?

Kreiva: Más adelante será analizado este asunto con mayor cuidado.

Capítulo 19
Una consecuencia del desfase

Una señal luminosa emitida en el punto medio del Tren móvil alcanza simultáneamente sus dos extremos.

Kreiva: Queda pendiente examinar si la señal que se propaga desde M_E, en el sistema de la Estación, llega simultáneamente a los cronómetros C y D del Tren móvil.

Fiskajn: La señal debe llegar primero al cronómetro C, como puede verse en la figura 27.

Kreiva: Sin embargo, sería conveniente examinar los valores de tiempo que registran los cronómetros del Tren cuando la señal llega hasta ellos.

Fiskajn: Se puede suponer nuevamente que la velocidad del Tren es de tres metros por segundo, y la velocidad de propagación luminosa de cinco metros por segundo.

Kreiva: Correcto. Además, en el Tren móvil, los cronómetros C y D están separados una distancia de 200 metros', que en la Estación equivalen a 16 metros.

Novulo: Entonces ¿el punto M_E queda a 100 metros' de cada cronómetro?

Fiskajn: Exacto. Ahora, desde el punto M_E se emite la señal luminosa que se propaga en la Estación y se aproxima a los cronómetros C y D.

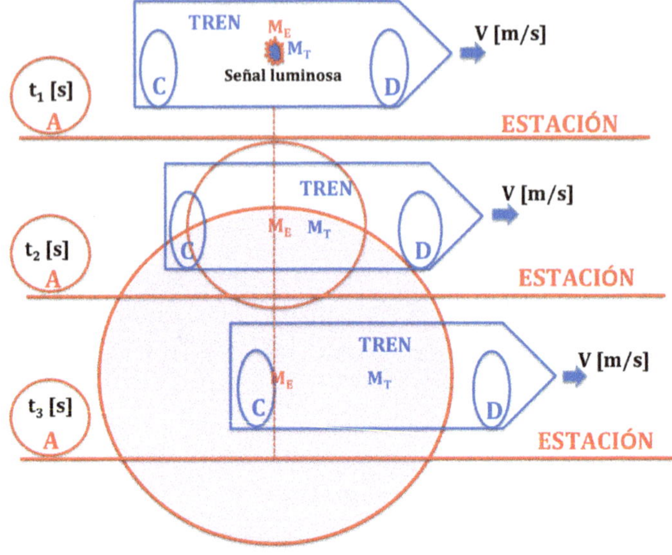

Figura 27

Kreiva: Sí. Además, como el análisis se hace en el sistema de la Estación, el cronómetro D se aleja del punto M_E, mientras que el cronómetro C se le aproxima.

Fiskajn: Correcto. Para que la llegada de la señal sea registrada simultáneamente en los cronómetros C y D, los punteros de ambos deben señalar el mismo valor cuando la señal llega a cada uno de ellos.

Novulo: Sí, pero sería necesario conocer el valor que registra cada uno de ellos en el momento de ser emitida la señal.

Fiskajn: Puede suponerse que el cronómetro C señala el valor de tres segundos' cuando se emite la señal, mientras que el cronómetro D señala ese valor menos el desfase entre los dos cronómetros.

Novulo: ¿De cuánto es el desfase?

Fiskajn: Si su separación en el Tren móvil es 200 metros', el desfase entre ellos es de 24 segundos'.

Novulo: ¿Este desfase se le resta al tiempo que señala C, para estimar el valor que debe señalar D?

Fiskajn: Así es. Por eso cuando el cronómetro C señala un tiempo igual a 30 segundos', el cronómetro D señala un tiempo igual a 6 segundos', como se muestra en la parte superior de la figura 28.

Kreiva: Muy bien. Es necesario tener presente que la señal se está propagando en el referente de los movimientos desde el punto M_E, fijo a dicho sistema.

Fiskajn: Sí; y para que la señal llegue hasta C deberá recorrer en dicho referente la distancia que separa a este cronómetro de M_E.

Novulo: ¿Esa distancia corresponde al tamaño de la sombra que proyecta el segmento de 100 metros' en la Estación?

Fiskajn: Correcto. Esa es la distancia de 80 metros que inicialmente separa el punto M_E de la parte trasera de la sombra, como se muestra en la figura 28.

Kreiva: Es preciso recordar que, en el sistema de la Estación, mientras la señal se aleja de M_E, en dirección al cronómetro C, con velocidad de 5 metros por segundo, el cronómetro C se aproxima a M_E con una velocidad de 3 metros por segundo.

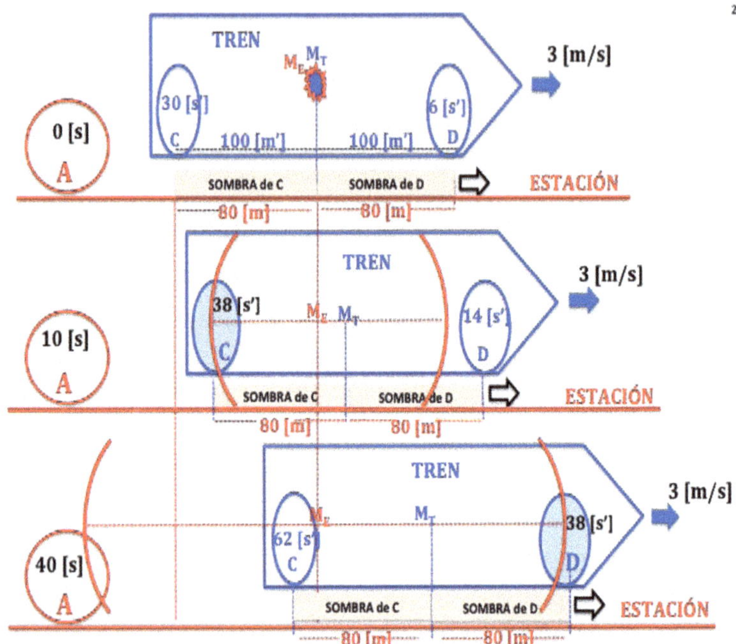

Figura 28

Fiskajn: Claro. Esto significa que el pulso se aproximará al extremo trasero de esa sombra, con una velocidad de 8 metros por segundo.

Kreiva: Por lo tanto, la rapidez con que disminuye la separación entre la señal y la parte trasera de la sombra, en el sistema de la Estación, es de ocho metros cada segundo.

Fiskajn: Correcto. Por consiguiente, la señal tardará 10 segundos para encontrarse con el extremo trasero de la sombra.

Novulo: Entonces ¿el puntero del cronómetro C habrá avanzado 10 segundos' cuando se encuentre con la señal?

Kreiva: Hay que tener cuidado con las unidades, pues la demora fue de 10 segundos en la Estación, no en el Tren.

Fiskajn: Sí, claro. Antes de sumar esa demora al valor que tenía inicialmente el cronómetro C, hay que transformar esos 10 segundos, medidos en la Estación, a segundos' del Tren móvil.

Novulo: Muy bien, esos 10 segundos en el sistema de la Estación equivalen a 8 segundos' en el Tren móvil.

Kreiva: Entonces, el cronómetro C se encontrará con la señal en el instante en que su puntero señale el valor de 38 segundos', como se muestra en la parte intermedia de la figura 28.

Fiskajn: Así es. Por otro lado, la señal que persigue la parte delantera de la sombra del cronómetro D, se aproxima a ella con otra velocidad.

Novulo: Sí, porque el cronómetro D se aleja de M_E, en lugar de acercársele.

Kreiva: Muy bien. El extremo delantero de la sombra huye de la señal, por delante de ella, con la velocidad de tres metros por segundo, mientras que la señal la persigue con una velocidad de cinco metros por segundo.

Fiskajn: Es decir que, la rapidez con que disminuye la separación entre la señal y el extremo delantero de la sombra es dos metros por segundo.

Kreiva: Exactamente. Entonces, la señal tardará 40 segundos para acortar los 80 metros que inicialmente la separan del extremo delantero de esta sombra.

Fiskajn: Esos 40 segundos en el sistema de la Estación equivalen a 32 segundos' en el sistema del Tren móvil.

Kreiva: Sí, por lo tanto, para obtener el valor que señala el cronómetro D cuando llegue a él la señal, habrá que sumarle esta demora de 32 segundos' al valor de 6 segundos' que registraba inicialmente.

Fiskajn: Así que, cuando la señal llega al cronómetro D su puntero estará señalando el valor 38 segundos', como se muestra en la parte inferior de la figura 28.

Novulo: Pero ese es el mismo valor que señalaba el cronómetro C cuando se encontró con la señal.

Kreiva: Entonces, se puede concluir que la señal que se propagó en la Estación desde el punto M_E, llegó simultáneamente a ambos cronómetros.

Capítulo 20
Reciprocidad entre el tren y la estación

¿Cuál es el sistema que mide el lapso temporal más grande?

Fiskajn: En este capítulo, el Tren y la Estación intercambiarán sus estados de reposo y movimiento.

Novulo: ¿Cómo se hace este intercambio?

Kreiva: El movimiento que inicialmente se le atribuye al Tren, cuando la Estación es el referente de los movimientos, se le atribuirá a esta última cuando aquél sea el referente de los movimientos.

Novulo: ¿Y qué efectos produce este intercambio de papeles en la descripción de los sucesos?

Kreiva: Un primer efecto es que, si se asume que el Tren se mueve respecto a la Estación con una cierta velocidad, entonces la Estación se moverá respecto al Tren con igual velocidad, pero en sentido contrario.

Novulo: ¿Y qué sucede con la proporción entre las unidades de tiempo de esos sistemas al hacerse dicho intercambio?

Fiskajn: Esa proporción se invierte, ya que el recorrido que hace el pulso luminoso para hacer el viaje de ida y vuelta entre los espejos del cronómetro móvil, siempre es mayor que el recorrido para hacer el mismo viaje entre los espejos del cronómetro estático.[20]

Kreiva: Esto implica que, si la unidad de tiempo del Tren móvil es mayor que la unidad de tiempo de la Estación

---

20 El que se desempeña como referente de los movimientos.

cuando ésta es el referente de los movimientos, entonces, la unidad de tiempo de la Estación será mayor que la del Tren, cuando este último sea referente de los movimientos.

Fiskajn: De acuerdo. Sin embargo, aunque la unidad de tiempo del Tren móvil sea mayor que la unidad de la Estación ¿podría ocurrir que, al intercambiar el estado de movimiento entre estos sistemas, el lapso temporal medido en el Tren no sufra modificación?

Kreiva: Así ocurre. Los lapsos temporales medidos en ambos sistemas no cambian cuando el Tren y la Estación intercambian sus papeles. Esto es lo que se va a demostrar en este capítulo.

Fiskajn: Sin embargo, hay que tener presente que la proporción entre las unidades del Tren y la Estación sí debe cambiar cuando ambos sistemas intercambian sus papeles.

Kreiva: Correcto. Ya que la velocidad relativa entre ambos sistemas es 3 metros por segundo, cuando el Tren es móvil 4 segundos' equivalen a 5 segundos, y 5 metros' equivalen a 4 metros.

Fiskajn: Mientras que cuando el Tren es el referente de los movimientos, 5 segundos' equivalen a 4 segundos, y 4 metros' equivalen a 5 metros.

Novulo: ¿Y cómo podría especificarse un lapso temporal?

Kreiva: Cualquier lapso está definido por dos sucesos, uno con el cual se inicia y el otro con el cual termina.

Novulo: Cuando el Tren y la Estación intercambian sus papeles ¿estos dos sucesos no cambian?

Kreiva: De ninguna manera. Estos dos sucesos permanecen inalterables, independientemente de cuál sea el sistema escogido como referente de los movimientos.

Novulo: ¿Entonces, el lapso temporal no cambia al intercambiar sus papeles el Tren y la Estación?

Kreiva: No cambia, así como tampoco lo hace el valor medido en cada sistema, siempre que los cronómetros que registran el lapso sean los mismos antes y después del intercambio.

Fiskajn: Esto puede verse mejor mediante un ejemplo. Se puede empezar considerando uno solo de los cronómetros del Tren.

Novulo: ¿ Cuáles son los cronómetros que van a medir el lapso en cada sistema?

Fiskajn: Aunque el Tren tiene los cronómetros C y D, inicialmente se tomará en consideración solamente los registros del cronómetro D, mientras que en la Estación se considerarán los registros de los cronómetros P y Q, previamente sincronizados.

Kreiva: De acuerdo. El suceso inicial del lapso es el cruce de los cronómetros D y P, cuando sus punteros señalan el valor cero, mientras que el suceso final es el cruce de D con Q.

Fiskajn: Para calcular la medida del lapso temporal entre los dos sucesos, puede suponerse que P y Q están separados 1200 metros en la Estación, como se muestra en la figura 29.

Novulo: Entonces ¿el lapso temporal entre los dos cruces sería de 400 segundos en la Estación?

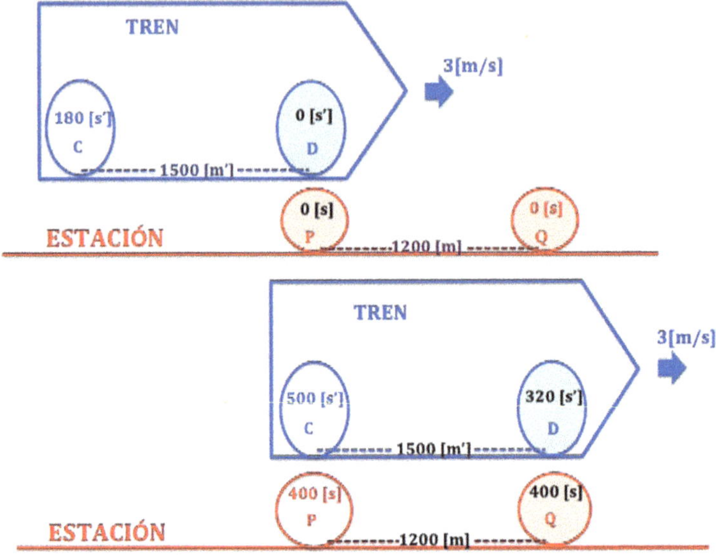

Figura 29

Kreiva: Correcto. Ahora bien, teniendo en cuenta que cada cinco segundos de la Estación equivalen a cuatro segundos' del Tren móvil, puede afirmarse que el cronómetro D habrá adelantado su puntero 320 segundos'.

Novulo: ¿Y qué ocurriría cuando la Estación intercambia su rol de referente de los movimientos con el Tren?

Fiskajn: En este caso, mientras el cronómetro D está en reposo, los cronómetros P y Q se desplazan con una rapidez de tres metros por segundo respecto a D.

Kreiva: Entonces, el primer suceso del lapso temporal sigue siendo el cruce de P con D, cuando sus punteros señalan el valor cero.

Novulo: ¿Y qué pasa con Q mientras tanto?

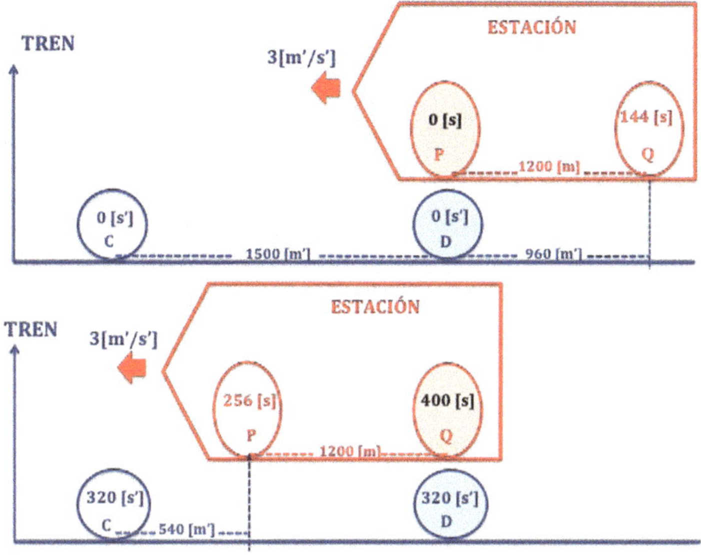

Figura 30

Kreiva: Ese cronómetro se encuentra a 960 metros' de D, y su puntero señala el valor 144 segundos, debido al desfase con el cronómetro P, tal como se muestra en la figura 30.

Novulo: ¿La distancia entre Q y D es de 1200 metros?

Kreiva: No. Esa es la distancia que separa a Q de P en la Estación, la cual tiene una sombra de 960 metros' en el sistema del Tren.

Fiskajn: De acuerdo. Esta última es la distancia que debe recorrer Q con una velocidad de tres metros' por segundo' para cruzarse con D.

Novulo: Entonces D mide una demora de 320 segundos' para que Q llegue hasta él.

Fiskajn: Que equivalen a 256 segundos en la Estación móvil.

Kreiva: Correcto. Entonces el puntero del cronómetro Q señalará 400 segundos al cruzarse con D.

Fiskajn: Mientras que el puntero del cronómetro D señalará 320 segundos'.

Kreiva: Exactamente. Como puede verse, los sucesos que definen el lapso temporal siguen siendo los mismos, sin importar si el referente de los movimientos es el Tren o la Estación.

Novulo: Pero ¿los segundos' del cronómetro D cuando está inmóvil son de menor tamaño que sus segundos' cuando es móvil?

Kreiva: En el propio Tren los segundos' nunca cambian de tamaño. Pero la proporción que hay entre ellos y los segundos de la Estación se modifica cuando el Tren deja de ser considerado móvil y se toma como referente de los movimientos.

Fiskajn: Esto es cierto, ya que el estado de reposo o de movimiento del cronómetro D no es con respecto a él mismo, sino con respecto a los cronómetros P y Q de la Estación.

Kreiva: Por lo tanto, el tamaño de sus unidades debe compararse en ambos casos con las de esos cronómetros.

Novulo: Entonces ¿cómo se haría esa comparación?

Kreiva: Pues, los 320 segundos' del cronómetro D equivalen a 400 segundos más pequeños de los cronómetros P y Q, cuando ellos se consideran inmóviles y la movilidad se le atribuye a D.

Fiskajn: Es decir que, cuando D se considera móvil, 20 segundos' de este cronómetro equivalen a 25 segundos de P o de Q.

Kreiva: Efectivamente. Los segundos de P o Q son de menor tamaño que los segundos' de D.

Novulo: ¿Y qué ocurre cuando D se considera inmóvil?

Kreiva: En ese caso, los segundos de P o Q son de mayor tamaño que los segundos' de D.

Novulo: ¿Ahora los mismos 20 segundos› de D equivalen tan solo a 16 segundos de P o de Q?

Kreiva: Exacto. Por lo tanto, ahora los 320 segundos' de D inmóvil equivalen a 256 segundos de mayor tamaño de P o Q.

Novulo: Entonces, si lo que avanzan los cronómetros P y Q son 256 segundos mientras D avanza 320 segundos' ¿por qué los cronómetros P y Q vuelven a medir un lapso de 400 segundos?

Fiskajn: Por los 144 segundos que señalaba el puntero del cronómetro Q cuando el cronómetro P se cruzaba con el D.

Novulo: ¿Esos 144 segundos constituyen el desfase entre P y Q?

Kreiva: Así es. Ya que en la Estación el puntero de Q es el que registra el extremo final del lapso, ese desfase, agregado a su demora de 256 segundos para llegar hasta D, le permite alcanzar el valor de 400 segundos.

Fiskajn: Por lo tanto, los cronómetros P y Q han medido entre los dos el mismo intervalo temporal que midieron cuando eran estáticos.

Novulo: ¿Aunque el puntero de cada uno de ellos haya rotado tan solo 256 segundos?

Kreiva: Efectivamente. Por eso se puede afirmar que en el Tren y en la Estación se ha registrado el mismo valor del lapso, sea cual fuere su estado de movimiento.

Fiskajn: Correcto. Lo que siempre ocurre es que el valor numérico del lapso temporal medido con un solo cronómetro es k veces el valor numérico del lapso medido con dos cronómetros.

Kreiva: Donde k es $(1 - V^2/c^2)^{1/2}$, V metros por segundo es la velocidad del Tren y c metros por segundo es la velocidad de la luz.

Capítulo 21
Intervalo temporal y duración

El intervalo temporal entre dos sucesos que ocurren en diferentes lugares de un sistema móvil no es la demora entre ellos.

Kreiva: Es momento de comparar el valor de un lapso temporal evaluado con dos cronómetros del Tren y el que se evalúa con dos cronómetros de la Estación.

Novulo: ¿Cuál es la separación entre esos cronómetros?

Kreiva: Los cronómetros A y B de la Estación están separados una distancia de 200 metros, mientras que los cronómetros C y D del Tren están separados 100 metros', como se puede apreciar en la figura 31.

Novulo: ¿Cuál sería el lapso por medir?

Kreiva: Para definirlo podría considerarse un pulso luminoso que se desplaza, en el sistema del Tren, desde el cronómetro C hasta el cronómetro D.

Fiskajn: De acuerdo. El lapso quedaría definido por los cruces del pulso con estos dos cronómetros.

Kreiva: Pero el pulso también se desplaza en el sistema de la Estación desde el cronómetro A hasta el cronómetro B, como se muestra en la figura 31.

Novulo: Sí. Allí puede verse que el pulso se emite desde el cronómetro A en el instante en que los cronómetros A y C se cruzan.

Kreiva: Puede suponerse que en este preciso instante el cronómetro A de la Estación registra el valor de cero segundos, mientras que el cronómetro C del Tren registra el valor de 12 segundos'.

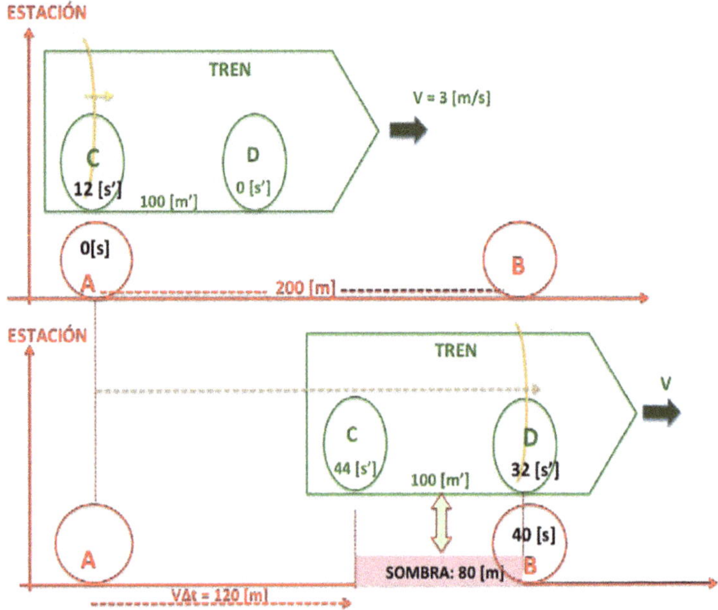

Figura 31

Novulo: ¿Cuánto registra el cronómetro D en ese mismo instante?

Kreiva: Pues, debe registrar cero segundos' debido al desfase.

Fiskajn: De acuerdo. Entonces, como el pulso se propaga en la Estación con una velocidad de cinco metros por segundo, tardará 40 segundos para recorrer la distancia de 200 metros entre A y B.

Novulo: Mientras tanto ¿cuánto habrán adelantado sus punteros los cronómetros del Tren móvil?

Fiskajn: Por la proporción que existe entre las unidades del Tren móvil y la Estación, estos punteros habrán rotado 32 segundos'.

Kreiva: Así es. Sin embargo, el pulso pasó junto a C cuando este cronómetro señalaba 12 segundos' y pasó por D cuando este último registraba 32 segundos'.

Novulo: Entonces ¿el lapso temporal evaluado en el Tren móvil con los cronómetros C y D es de 20 segundos'?

Kreiva: Correcto. Como puede verse, en el Tren móvil pueden definirse dos valores para el lapso temporal.

Fiskajn: Sí, es de 32 segundos' cuando se mide con un solo cronómetro, el C o el D, y es de 20 segundos', cuando el inicio del lapso es medido por C y el final del mismo se mide con D.

Novulo: ¿A qué se debe esta diferencia entre dos medidas de un mismo lapso?

Kreiva: Se debe a que, en el Tren móvil el pulso se desplaza pasando por zonas del Tren que *existen* en instantes diferentes.

Novulo: Pero todas las zonas del Tren deben existir en el mismo instante.

Kreiva: Así ocurre cuando el Tren está referido a sí mismo; es decir, cuando es el referente de los movimientos, pues en ese caso todos sus cronómetros registran simultáneamente el mismo valor.

Fiskajn: De acuerdo. Pero cuando el Tren es considerado como un sistema móvil, dos puntos de él, separados una cierta distancia, no existen en el mismo instante del Tren.

Kreiva: Correcto, pues el sistema móvil no tiene definido un instante común para todos sus puntos.

Novulo: ¿Y esto qué significa?

Kreiva: Pues, si el cronómetro D del Tren registra el valor de cero segundos' mientras el C registra 12 segundos', significa que ambos cronómetros no corresponden al mismo instante del Tren, sino a dos momentos, separados uno del otro por 12 segundos'.

Novulo: ¿Sería como dos fotografías instantáneas del Tren, tomadas 12 segundos' una después de la otra?

Kreiva: Efectivamente. El cronómetro D pertenece a la primera fotografía, mientras que el cronómetro C pertenece **a** la segunda.

Fiskajn: De acuerdo. Entonces ¿del lapso temporal que registran los cronómetros C y D, desaparecen 12 segundos'?

Kreiva: Exactamente. Por esa razón el lapso temporal registrado por dichos cronómetros resulta menor que el registro hecho por cada uno de ellos.

Fiskajn: En la Estación también hay dos maneras de medir el lapso; pero ambas coinciden, ya que no hay desfase entre sus cronómetros.

Novulo: Entonces, sería conveniente diferenciar las dos formas de medir el lapso temporal en el sistema del Tren.

Kreiva: Podría llamarse *duración* al número de divisiones que rota el puntero de un solo cronómetro durante el lapso.

Fiskajn: De acuerdo. Mientras que el registro del lapso hecho con dos cronómetros, A y B en la Estación, o C y D en el Tren, podría llamarse *intervalo temporal*.

Kreiva:: Así es. En el Tren móvil la duración es de 32 segundos' y el intervalo temporal es de 20 segundos', mientras que en la Estación la duración y el intervalo temporal son ambos de 40 segundos.

Capítulo 22
Velocidad de la luz en el sistema móvil

La luz se aproxima a un punto del sistema móvil con una velocidad diferente a la de su propagación en el referente de los movimientos.

Kreiva: A lo largo de estas charlas se ha aceptado que la velocidad de propagación de un pulso luminoso es la misma en el Tren y en la Estación.

Novulo: Sí, pero esto aún no se ha demostrado.

Kreiva: Así es. Para hacerlo se analizará el viaje de ida, y el de vuelta, de un pulso luminoso en el sistema del Tren.

Fiskajn: Se asume que el Tren viaja con una velocidad de tres metros por segundo respecto a la Estación, siendo esta última el referente de los movimientos.

Kreiva: Bien. Puede suponerse que el pulso sale del cronómetro C del Tren móvil cuando este coincide con el cronómetro A de la Estación, como se muestra en la figura 32.

Fiskajn: En esa misma figura se puede observar que, en dicho instante, el cronómetro A señala cero segundos, mientras que el C señala 12 segundos'.

Novulo: ¿ La separación entre los cronómetros C y D es de 100 metros'?

Fiskajn: Sí, por esta razón el puntero del cronómetro D señala cero segundos', ya que ese es su desfase con el C.

Kreiva: Entonces, el segmento CD del Tren móvil proyecta una sombra que mide 80 metros en el sistema de la Estación.

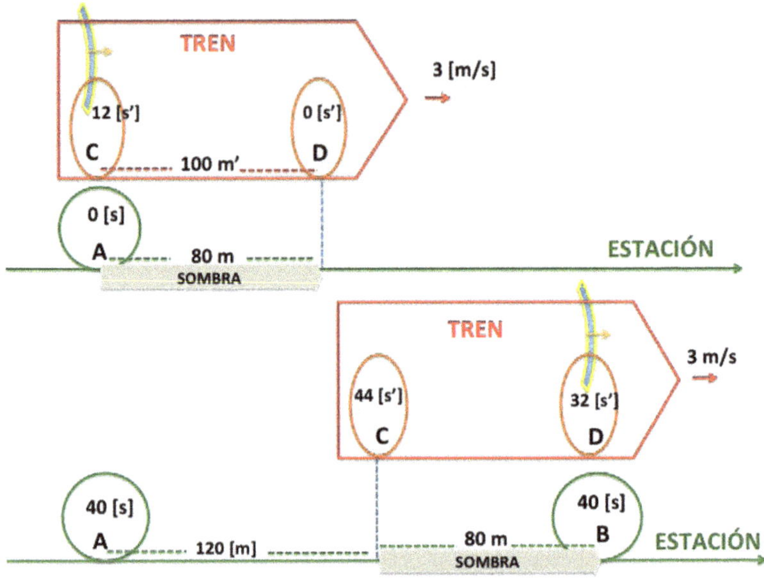

Figura 32

Fiskajn: Correcto. Como el pulso se propaga en la Estación con una velocidad de cinco metros por segundo, y la sombra se desplaza con una velocidad de tres metros por segundo, entonces, la velocidad con que el pulso se aproxima a la parte delantera de la sombra es de dos metros por segundo.

Novulo: Siendo así ¿el pulso se demorará 40 segundos en alcanzar la parte delantera de la sombra, y por lo tanto al cronómetro D?

Kreiva: Exacto. Mientras tanto los punteros de los cronómetros C y D habrán rotado 32 divisiones, y por tanto el cronómetro D estará señalando 32 segundos' cuando sea alcanzado por el pulso.

Fiskajn: Y la velocidad del pulso en el sistema del Tren se obtiene dividiendo la distancia CD por el intervalo temporal registrado en el Tren por los cronómetros C y D.

Kreiva: Sí, donde el intervalo temporal resulta de la resta entre el tiempo registrado por D a la llegada del pulso y el tiempo registrado por C a la salida del mismo.

Novulo: ¿O sea 20 segundos'?

Kreiva: Correcto. Entonces la velocidad del pulso en el sistema del Tren, durante el viaje de ida, es cinco metros' por segundo'.

Novulo: ¿Y cómo serían los cálculos para el viaje de vuelta?

Kreiva: Durante el viaje de vuelta el pulso debe recorrer la longitud de la sombra, pero ahora moviéndose en sentido contrario al movimiento de ésta sobre la Estación.

Novulo: Entonces ¿la velocidad de aproximación del pulso a la parte trasera de la sombra es de ocho metros por segundo?

Fiskajn: Así es. Por tanto, el pulso demorará 10 segundos, en la Estación, para encontrarse con el cronómetro C del Tren.

Kreiva: Exacto. Los cronómetros de la Estación habrán rotado sus punteros 10 divisiones más, y los del Tren habrán rotado sus punteros ocho divisiones.

Fiskajn: Sí. Esto significa que el cronómetro C estará señalando 52 segundos' en el momento de encontrarse con el pulso, como se muestra en la figura 33.

Kreiva: En esta parte hay que tener en cuenta que el viaje de vuelta del pulso se inicia en el cronómetro D cuando su puntero señala 32 segundos'.

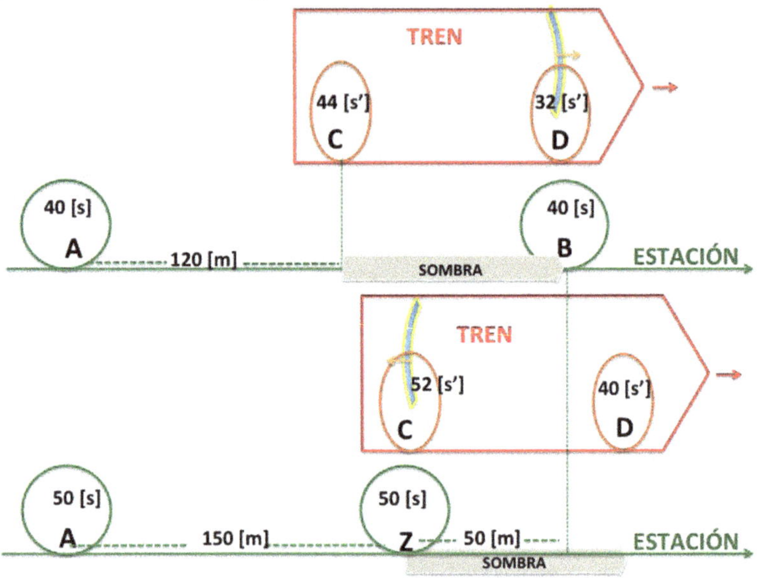

Figura 33

Novulo: Entonces ¿el intervalo temporal medido por C y D, para el viaje de vuelta sería de 20 segundos'?[21]

Fiskajn: Correcto. Durante este intervalo temporal el pulso recorrió en el sistema del Tren los 100 metros' que separan a C y D.

Novulo: ¿Esto daría nuevamente una velocidad del pulso, en el Tren, igual a cinco metros' por segundo', para el viaje de vuelta?

Kreiva: Sí, así es. De esta manera queda comprobado que, aunque el análisis se haga desde la Estación, la velocidad de propagación del pulso luminoso en el sistema del

---

21 Que resulta de restar 52 segundos' del cronómetro C y 32 segundos' del D.

Tren móvil es igual a su velocidad de propagación en el sistema de la Estación.

Fiskajn: Correcto. En la obtención de este resultado ha desempeñado un papel muy importante el desfase que existe entre los cronómetros del Tren.

Kreiva: Sí, como también en el hecho de que la velocidad del pulso se obtenga con el intervalo temporal registrado con los cronómetros C y D, y no con la duración medida por uno solo de ellos.

Fiskajn: Exacto. Si se hubiera empleado la duración en el viaje de ida, que fue de 32 segundos' en el Tren, se habría obtenido una velocidad para el pulso en el Tren igual a (100/32) metros' por segundo'.

Kreiva: Así es. Y en el viaje de vuelta su velocidad hubiera sido igual a (100/8) metros' por segundo', violando el límite de cinco metros' por segundo'.

Capítulo 23
El desfase en el sistema móvil

El desfase a lo largo del sistema móvil hace que sus puntos no coexistan. Dicho sistema corresponde más a una cronografía que a una fotografía.

Kreiva: Hay una diferencia entre el sistema del Tren y la representación que de él se hace en el sistema de la Estación.

Fiskajn: De acuerdo. Cuando el Tren es el referente de los movimientos, los punteros de todos sus cronómetros señalan el mismo valor de tiempo simultáneamente.

Novulo: ¿Esto permite definir un instante común para todo el sistema del Tren?

Kreiva: Así es. Eso indica que todos sus puntos coexisten, tal como coexisten las letras en las página de un libro.

Fiskajn: Pero no se puede decir lo mismo cuando es un sistema móvil.

Kreiva: Esto es cierto, pues los cronómetros situados en diferentes puntos del Tren móvil señalan valores diferentes.

Fiskajn: ¿O sea que esos puntos del Tren móvil no coexisten?

Kreiva: Por supuesto que no. Sin embargo, es importante aclarar que cuando se dice que estos puntos del Tren móvil no coexisten, se está haciendo referencia a la representación que de él se hace en la Estación.

Novulo: Es difícil comprender que los diversos puntos de una misma figura no coexistan.

Fiskajn: Se podría comprender mejor este asunto suponiendo que todo el Tren, en cada instante, cambia la tonalidad de su color.

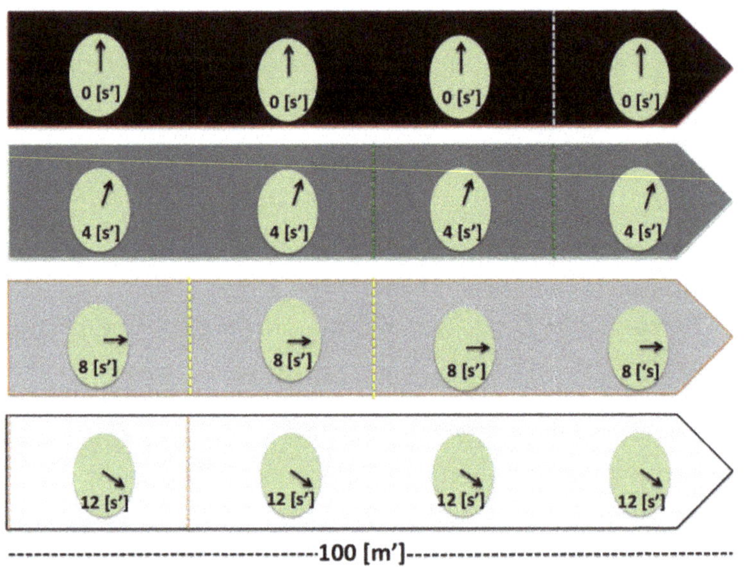

Figura 34

Novulo: ¿En un instante dado todo el Tren sería de tono oscuro, luego más claro, y así sucesivamente?

Kreiva: Exactamente. En la figura 34 se muestra el Tren como referente de los movimientos, en cuatro instantes diferentes. En el primero de ellos todos sus cronómetros tienen sus punteros en la división 0 .

Fiskajn: Entonces, debe ser ese instante para el sistema del Tren.

Kreiva: Así es. En cada uno de esos instantes se representa el Tren con un tono diferente, y en cada uno los punteros de todos sus cronómetros señalan el mismo valor.

Novulo: ¿El tono más claro sería entonces para el instante en que todos los cronómetros del Tren tienen sus punteros en la división 12?

Kreiva: Correcto. Ahora, cuando el referente de los movimientos es la Estación, el Tren no muestra un solo tono, sino una sucesión de franjas verticales de diferente tono cada una, como se observa en la figura 35.

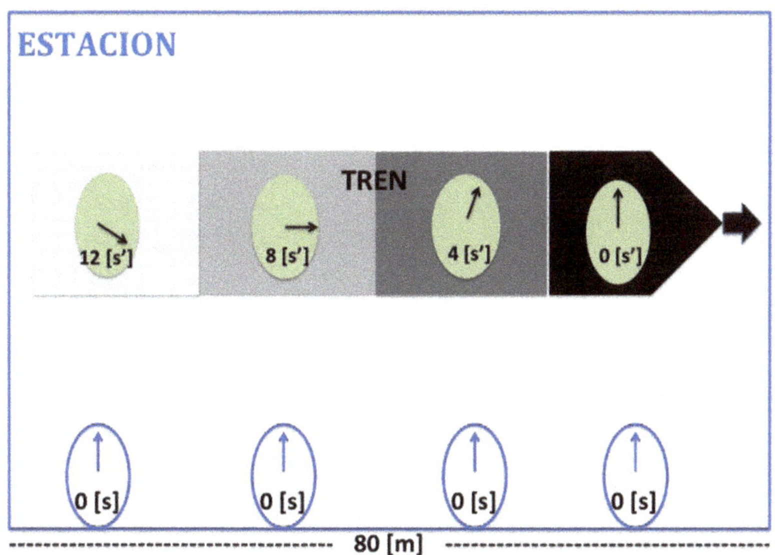

Figura 35

Fiskajn: De acuerdo. Entonces, el puntero del cronómetro que hay al interior de cada franja señala un tiempo diferente.

Kreiva: Sí. Cada franja corresponde al tono que tuvo todo el Tren en el instante que señala el cronómetro de la franja.

Fiskajn: Lo mismo debe ocurrir con un segmento que esté fijo en el sistema del Tren.

Kreiva: Así es. Cuando se hace la representación de un segmento del Tren en el sistema de la Estación, el extremo trasero del segmento es más viejo que su extremo delantero.

Fiskajn: Por esta razón, para medir el segmento móvil, la representación que de él se hace desde la Estación debe proyectarse como una sombra en este mismo sistema.

Kreiva: De esa manera todas las partes de la Estación que hacen parte de la sombra sí coexisten en la Estación.

Fiskajn: Por eso se puede medir su longitud en ese sistema.

Capítulo 24
Simultaneidad en el tren y en la estación

Dos puntos de la Estación no pueden coexistir con dos puntos del Tren .

Fiskajn: Existen muchas situaciones en el escenario relativista del Tren y la Estación que evidencian la importancia del desfase.

Kreiva: Así es. Por ejemplo, se podría analizar la descarga simultánea de dos relámpagos en los puntos A y B de la Estación, cuando el Tren pasa frente a ella, como se muestra en la figura 36.

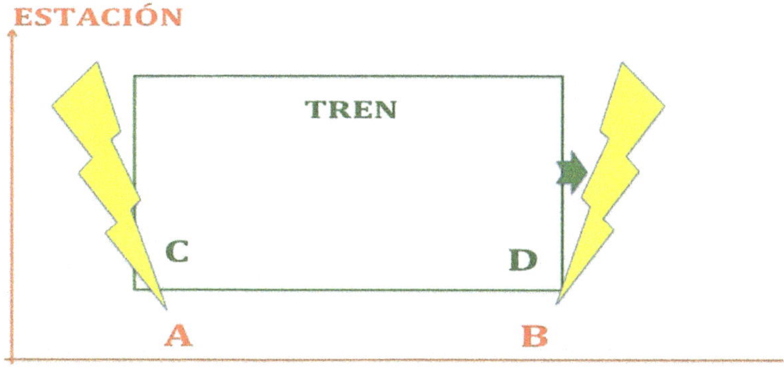

Figura 36

Novulo: ¿En ese mismo instante el punto B de la Estación coincide con el punto D del Tren?

Fiskajn: Sí. Es como si los relámpagos que ocurrieron simultáneamente en los puntos A y B, también ocurrieran simultáneamente en C y D.

Novulo: ¿Acaso no es así?

Kreiva: Por supuesto que no. Para darse cuenta de ello basta con ubicar cronómetros sincronizados en los puntos A y B de la Estación, y también en los puntos C y D del Tren.

Fiskajn: Correcto. Ahora, en la figura 37 puede observarse que, al caer los relámpagos en los extremos del Tren, los cronómetros A y B de la Estación registran el mismo valor de tiempo, pero no ocurre así con los cronómetros C y D del Tren.

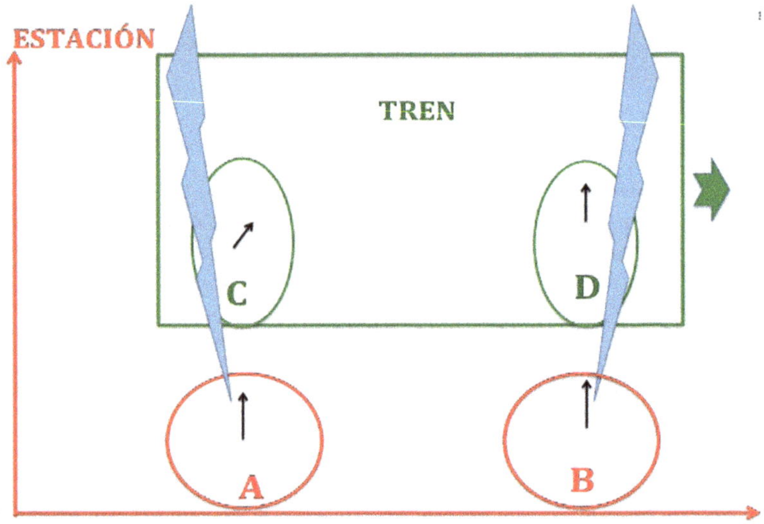

Figura 37

Novulo: ¿Esto se debe a que A y B hacen parte del referente de los movimientos y por tanto no presentan desfase, mientras que C y D sí lo presentan, por estar en movimiento?

Kreiva: Así es. Por esta razón los punteros de los cronómetros C y D no señalan el mismo valor.

Novulo: Bueno, pero si los relámpagos ocurren simultáneamente en A y B en el mismo instante en que el cronómetro C está junto al cronómetro A y el D está junto al B ¿por qué dichos relámpagos no ocurren también de manera simultánea en C y D?

Kreiva: Así parece en la figura 36; pero en la figura 37 puede verse que cuando el cronómetro D se cruza con el B, sus punteros señalan el mismo valor, pero el puntero de C registra un valor diferente.

Novulo: Entonces, deberían especificarse los valores que registran los cronómetros A, B, C y D, con sus respectivas unidades.

Fiskajn: De acuerdo. En la figura 38 los cronómetros A y B están separados 1200 metros, y los cronómetros C y D están separados 1500 metros' en el Tren móvil.

Kreiva: Correcto. De acuerdo con esa figura se puede observar que los cronómetros A y B no presentan desfase, ya que la Estación es el referente de los movimientos.

Fiskajn: En esa misma figura se puede observar que el puntero del cronómetro C señala un valor de 180 segundos' mientras que el puntero de D señala el valor cero segundos'.

Novulo: ¿O sea que el relámpago en C ocurre 180 segundos' después de ocurrir el relámpago en D?

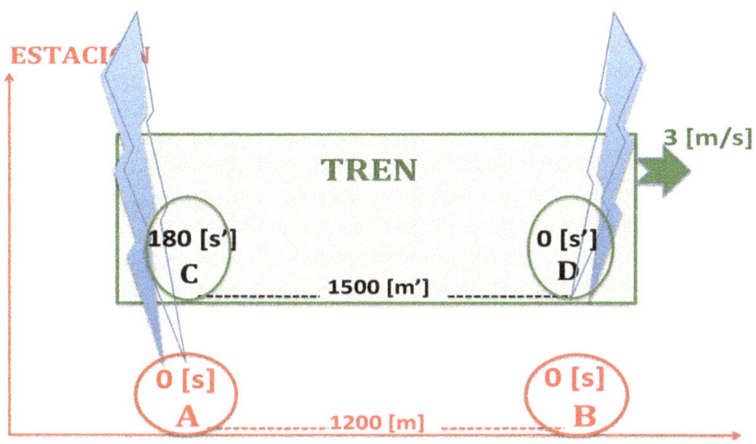

Figura 38

Kreiva: Efectivamente. Según los cronómetros del Tren móvil, las descargas no ocurren simultáneamente en C y D, aunque según los cronómetros de la Estación ellas ocurren simultáneamente en A y B.

Novulo: Entonces ¿cómo se debe interpretar la situación realmente?

Fiskajn: Para explicar esto con mayor claridad se debe tomar al Tren como referente de los movimientos.

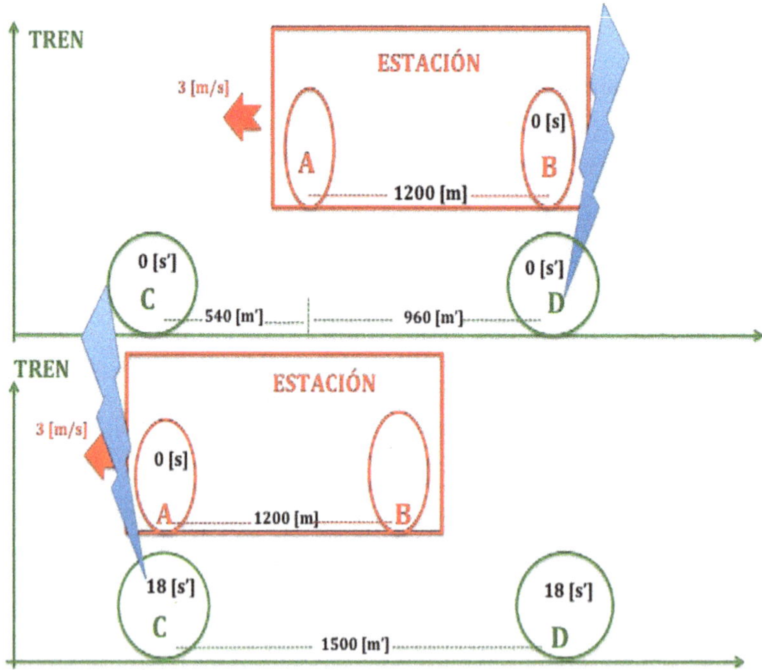

Figura 39

Kreiva: Esto se muestra en la figura 39. Allí puede observarse que lo que parece un solo instante en el sistema de la Estación se convierte en dos instantes para el sistema del Tren.

Fiskajn: En la imagen superior de esta última figura se puede ver que la primera descarga ocurre en el sitio donde se cruzan los cronómetros B y D, cuando sus punteros señalan el mismo valor numérico.

Novulo: Entonces ¿qué valor registra el cronómetro A cuando el puntero de cronómetro B señala cero segundos?

Kreiva: El puntero del cronómetro A aún no ha llegado a cero segundos.

Fiskajn: Le faltan 144 segundos' para llegar a cero, debido al desfase.

Novulo: ¿O sea que aún no ha ocurrido la descarga en A?

Kreiva: No. Es natural, pues la descarga ocurre en A cuando su puntero señale el valor cero segundos'. Eso ocurrirá cuando el cronómetro A recorra los 540 metros que lo separan del cronómetro C.

Fiskajn: Entonces el cronómetro C habrá adelantado su puntero 180 divisiones, mientras que el A adelantará el suyo 144 divisiones.

Novulo: ¿La descarga ocurre en C y A cuando estos dos cronómetros se cruzan?

Fiskajn: Exactamente. En ese momento ocurre la segunda descarga, como puede verse en la imagen inferior de la figura 39.

Kreiva: Correcto. Las descargas ocurren simultáneamente en los cronómetros A y B de la Estación, pero ambas descargas no son simultáneas en los cronómetros C y D del Tren.

Capítulo 25
Composición de movimientos

Velocidades evaluadas en unidades de un mismo sistema se componen de una manera diferente a las que están evaluadas en unidades de diferentes sistemas.

Fiskajn: En esta sesión se pretende estudiar cómo se componen movimientos que son medidos en diferentes sistemas.

Kreiva: Para esto se va a suponer que la velocidad de una partícula respecto al Tren, medida en el Tren móvil, es de dos metros' por segundo'.

Fiskajn: También se va a suponer que la velocidad del Tren respecto a la Estación es de tres metros por segundo. La pregunta es ¿cuánto valdría la velocidad de la partícula respecto a la Estación?

Kreiva: El mejor procedimiento para hacer este cálculo es comenzar hallando el desplazamiento de la partícula en el sistema del Tren.

Fiskajn: Sí. Se podría suponer, en dicho sistema, un intervalo temporal de 100 segundos'.

Kreiva: De acuerdo. Siendo así, la partícula tendrá en el Tren un desplazamiento de 200 metros'.

Fiskajn: Además, el desfase entre los cronómetros del Tren, separados 200 metros' uno de otro, será de 24 segundos', como se muestra en la figura 40.

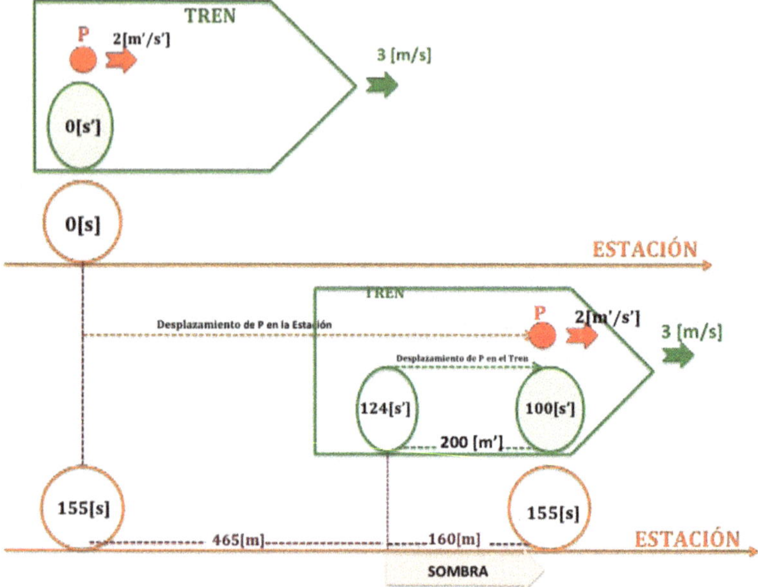

Figura 40

Kreiva: Así es. Si al intervalo temporal de 100 segundos' se le suma este desfase, se obtiene la duración de dicho desplazamiento en el Tren.

Novulo: ¿O sea que el desplazamiento duró en el Tren 124 segundos'?

Kreiva: Correcto. Mientras tanto los cronómetros de la Estación moverán sus punteros 155 segundos.

Fiskajn: Durante esos 155 segundos el Tren se desplaza 465 metros sobre la Estación.

Novulo: ¿Si a este desplazamiento se le agrega el desplazamiento de la partícula en el Tren, se obtendría el desplazamiento total de la partícula respecto a la Estación?

Kreiva: No, no. Esos dos desplazamientos no se pueden sumar porque tienen unidades diferentes.

Fiskajn: De acuerdo. El desplazamiento de la partícula en el Tren se mide en metros', mientras que el desplazamiento del Tren respecto a la Estación se mide en metros.

Novulo: Entonces ¿cómo se procede para componer esos dos desplazamientos?

Kreiva: Debe proyectarse sobre la Estación el desplazamiento de la partícula en el Tren.

Fiskajn: Así es. La proyección es la sombra de ese desplazamiento.

Kreiva: Efectivamente. Si el desplazamiento de la partícula en el Tren fue de 200 metros', la sombra que proyecta en la Estación es de 160 metros, como se aprecia en la figura 40.

Fiskajn: Exacto. Ahora, la longitud de esta sombra sí se puede componer con el desplazamiento del Tren sobre la Estación, que mide 465 metros.

Novulo: Entonces ¿una parte del desplazamiento de la partícula en la Estación ha sido producido por el desplazamiento del Tren?

Fiskajn: Sí, y la otra parte se produce por la sombra que proyecta en la Estación el desplazamiento de la partícula en el Tren.

Kreiva: Correcto. De esta forma el desplazamiento total de la partícula respecto a la Estación resulta ser de 625 metros.

Fiskajn: Además, como el intervalo temporal en la Estación fue de 155 segundos, la velocidad de la partícula respecto a este sistema es de 4,032 metros por segundo.

Novulo: Entonces ¿para hallar la velocidad de la partícula respecto a la Estación, no se suma su velocidad respecto al Tren con la velocidad del Tren respecto a la Estación?

Kreiva: No, de ninguna manera. La velocidad de 2 metros' por segundo' se mide en el Tren, mientras que la velocidad de 3 metros por segundo se mide en la Estación.

Capítulo 26
Movimientos relativos

La velocidad de una partícula respecto al Tren tiene un valor numérico cuando es medida en el Tren, y otro cuando es medida en la Estación.

Fiskajn: Ahora se va a analizar la diferencia que hay entre la velocidad relativa de una partícula respecto al Tren móvil, medida en ese mismo sistema, y la que es medida en la Estación.

Kreiva: Ya se mostró en la sesión anterior que el desplazamiento de una partícula respecto al Tren tiene un valor en el propio Tren y un valor diferente en la Estación.

Fiskajn: Igual ocurre con la velocidad de la partícula respecto al Tren; tiene un valor en el propio Tren y otro diferente en la Estación.

Novulo: Pero siempre se ha dicho que la velocidad relativa no sufre alteración al evaluarla en diferentes sistemas de referencia.

Fiskajn: Eso no es cierto. Su valor numérico, así como las unidades que la acompañan, dependen del sistema donde se les mida. Por eso convendría analizar un caso concreto.

Kreiva: Por supuesto. Se pueden considerar un Tren y una partícula que se mueven respecto a la Estación.

Fiskajn: Se supone que la partícula se mueve con una velocidad de cuatro metros por segundo, mientras el Tren lo hace con una velocidad de tres metros por segundo.

Kreiva: Entonces, es posible calcular el desplazamiento de la partícula respecto al Tren, en el propio Tren y también en la Estación.

Fiskajn: Bien. Se va a suponer que en la Estación transcurren 100 segundos mientras el Tren y la partícula se desplazan.

Kreiva: Entonces, respecto a la Estación, el Tren se habrá desplazado 300 metros mientras que la partícula se habrá desplazado 400 metros.

Fiskajn: O sea que, por cada segundo que adelantan los cronómetros de la Estación, la partícula avanza en este sistema un metro más que el Tren.

Kreiva: Así es. En el sistema de la Estación la partícula se aleja del Tren un metro cada segundo.

Novulo: ¿Qué velocidad es esta?

Kreiva: Esta es la velocidad de la partícula respecto al Tren, pero medida en el sistema de la Estación, en metros por segundo.

Novulo: ¿Cómo se procede para determinar la velocidad de la partícula respecto al Tren, pero medida en el propio Tren?

Kreiva: Se necesita conocer el desplazamiento de la partícula en el Tren y el intervalo temporal correspondiente, medido en ese mismo sistema.

Fiskajn: Se comenzaría determinando el desplazamiento de la partícula respecto al Tren, medido en el propio Tren.

Kreiva: Como no se tienen datos de la partícula en el Tren, hay que deducirlos a partir de los datos que se conocen de la partícula en la Estación.

Novulo: ¿Cómo se calcularía el desplazamiento de la partícula respecto al Tren?

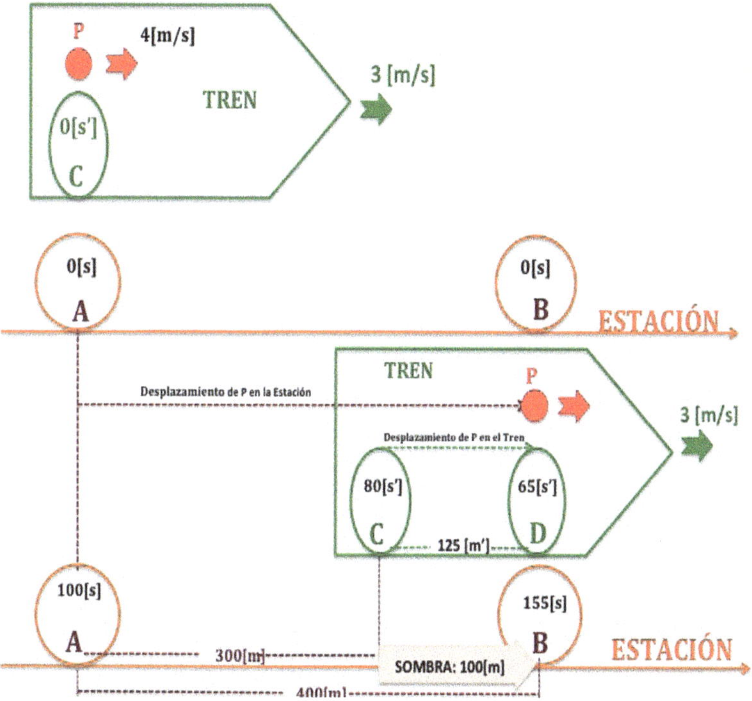

Figura 41

Kreiva: Se sabe que la partícula, moviéndose durante 100 segundos en la Estación, logra apartarse del Tren una distancia de 100 metros. Esta sería la longitud de la sombra de su desplazamiento en el propio Tren.

Fiskajn: Muy bien; si esta es la longitud de la sombra, el desplazamiento en el propio Tren debió haber sido de 125 metros', como se muestra en la figura 41.

Novulo: Ahora faltaría determinar cuánto vale el intervalo temporal en el Tren.

Fiskajn: Este intervalo es medido en el Tren móvil por los cronómetros C y D.

Novulo: Pero solo se conoce la duración de 100 segundos, medida por los cronómetros de la Estación.

Fiskajn: Entonces, la duración en el Tren móvil debió haber sido de 80 segundos'.

Kreiva: Así es. Sin embargo, en el Tren móvil la velocidad de la partícula no se puede calcular con la duración, sino con el intervalo temporal.

Novulo: ¿Cómo se determina el intervalo temporal medido por C y D?

Kreiva: Ese intervalo temporal se obtiene restando la duración de 80 segundos' y el desfase que hay entre esos dos cronómetros.

Novulo: ¿Cuánto vale ese desfase?

Fiskajn: Teniendo en cuenta la velocidad del Tren y la separación de 125 metros' entre los cronómetros C y D, ese desfase es de 15 segundos'.

Novulo: Entonces ¿el intervalo temporal en el Tren móvil tiene un valor de 65 segundos'?

Kreiva: Así es. Con este intervalo temporal y el desplazamiento de 125 metros' se calcula la velocidad de la partícula respecto al Tren, medida en el propio Tren.

Novulo: ¿Esta velocidad será, entonces, de 1,923 metros' por segundo'?

Kreiva: Correcto. Cuando fue medida en la Estación arrojó el valor de un metro por segundo y, ahora que fue medida en el propio Tren, dio el valor de 1,923 metros' por segundo'.

Fiskajn: Es decir que, al expresar la velocidad relativa de la partícula respecto al Tren, debe especificarse en cuál sistema se está midiendo esta velocidad.

Novulo: Pero esas dos velocidades deberían identificarse de manera diferente.

Kreiva: Sí. Empleando un subíndice que especifique el sistema donde es medida la velocidad de la partícula respecto al Tren. Podría representarse como V_{PTE} cuando es medida en la Estación, y como V_{PTT} cuando es medida en el propio Tren.

Fiskajn: O sea que V_{PTE} tiene un valor de un metro por segundo, mientras que V_{PTT} tiene un valor de 1,923 metros' por segundo'.

Kreiva: Exactamente.

Capítulo 27
Emisor móvil y receptor estático

El emisor de señales luminosas puede perseguirlas o huir de ellas, sin afectarles su velocidad de propagación.

Fiskajn: Se sabe que el movimiento de un emisor de pulsos luminosos no influye en la velocidad de propagación de dichos pulsos.

Kreiva: Así es, pero si los emite con determinada frecuencia, su movimiento puede alterar la distribución espacial de los mismos en el referente de los movimientos.

Fiskajn: Entonces, volviendo al escenario del Tren y la Estación, podría determinarse la frecuencia que se registra en la Estación de los pulsos emitidos desde un Tren que se mueva con velocidad de tres metros por segundo.[22]

Kreiva: Correcto. Se puede comenzar asumiendo que en el propio Tren se emite un pulso mientras los cronómetros de ese sistema adelantan sus punteros ocho unidades.

Fiskajn: Esto implica que los cronómetros de la Estación adelantarán sus punteros 10 segundos cada vez que el Tren emite un pulso.

Novulo: ¿Debido a que cuatro unidades de tiempo del Tren equivalen a cinco unidades de la Estación?

Fiskajn: Exacto. Este efecto sobre la frecuencia de emisión es el mismo, sea que el Tren se acerque o se aleje del receptor.

22.Tomando a la Estación como el referente de los movimientos.

Novulo: ¿Solo importa que la velocidad relativa entre emisor y receptor sea de tres metros por segundo?

Kreiva: No. También es necesario que el emisor sea el sistema móvil, ya que no se presenta cuando el emisor es el referente de los movimientos.

Fiskajn: De acuerdo. No es que el Tren emisor cambie la frecuencia propia con que emite los pulsos, sino que en la Estación receptora se evalúa dicha frecuencia con una unidad de tiempo menor que la del Tren móvil.

Novulo: Entonces ¿Se trata de medir la misma frecuencia con unidades más pequeñas?

Fiskajn: Efectivamente. Esta es una primera modificación de la frecuencia.

Kreiva: Luego viene el efecto que tiene el movimiento del emisor en la distribución espacial de los centros de propagación de los pulsos, en el referente de los movimientos.

Fiskajn: De acuerdo. El emisor del Tren va emitiendo pulsos de manera intermitente, a medida que se desplaza sobre la Estación.

Kreiva: Esto hace que la distancia entre pulsos consecutivos se acorte si el emisor se desplaza en el mismo sentido que lo hacen los pulsos, y se alargue si lo hace en sentido contrario.

Novulo: ¿O sea que el emisor puede perseguir a los pulsos o huir de ellos?

Kreiva: Así es. Si el emisor se aleja del receptor, los pulsos serán emitidos en puntos cada vez más alejados de este, lo cual equivaldría a que el emisor huya de los pulsos.

Fiskajn: Y cuando el emisor se acerca al receptor, los pulsos serán emitidos en puntos cada vez más cercanos a este último, lo cual significaría que el emisor persigue a los pulsos.

Kreiva: Bien. Se va a suponer ahora que el Tren emite pulsos con una frecuencia igual a un pulso cada diez segundos, según los cronómetros de la Estación.

Fiskajn: Sí. Cada vez que el Tren emite un pulso, este se propaga en el sistema de la Estación con la velocidad de cinco metros por segundo, a partir del punto donde fue emitido en ese sistema.

Kreiva: Correcto. Más tarde el Tren emite otro pulso en un punto alejado treinta metros del sitio donde emitió el pulso anterior, como se ve en la figura 42.

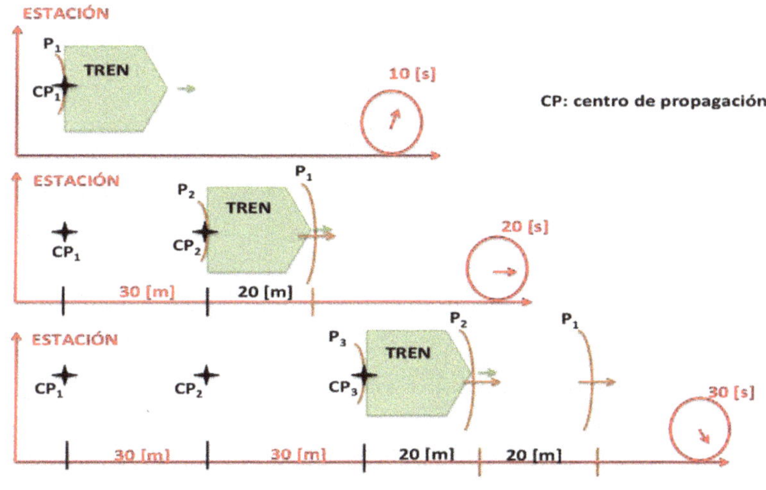

Figura 42

Fiskajn: En esa figura se muestran tres puntos de la Estación donde el Tren emitió, de manera sucesiva, los pulsos P_1, P_2 y P_3.

Kreiva: Dichos puntos corresponden a los centros de propagación CP_1, CP_2, CP_3, de cada uno de esos pulsos.

Fiskajn: Muy bien. En la segunda imagen de la figura 42 puede verse que el segundo pulso es emitido en el punto CP2, situado veinte metros atrás de donde se encuentra en ese preciso momento el primer pulso.

Novulo: ¿O sea que la distancia entre los centros de propagación CP_1 y CP_2 es de veinte metros?

Kreiva: Sí, y la separación entre los pulsos P_1 y P_2 será esa misma, ya que tanto P_1 como P_2 se propagan con la misma velocidad.

Novulo: ¿Lo mismo sucede con el tercer pulso emitido?

Kreiva: Así es. El pulso P_3 también estará separado del P2 una distancia de veinte metros.

Fiskajn: Pero esa es la misma distancia que separa dos pulsos sucesivos, emitidos con una frecuencia de 1 pulso cada cuatro segundos, por un emisor que no se mueva respecto a la Estación.

Kreiva: Efectivamente. En la figura 43 se muestran un emisor estático y otro móvil. Los pulsos son emitidos con diferente frecuencia en cada uno de ellos.

Novulo: Pero la separación espacial entre los pulsos, en el sistema de la Estación, es la misma en ambos casos.

Fiskajn: Correcto. En la Estación la separación entre dos pulsos consecutivos es de veinte metros en ambos casos.

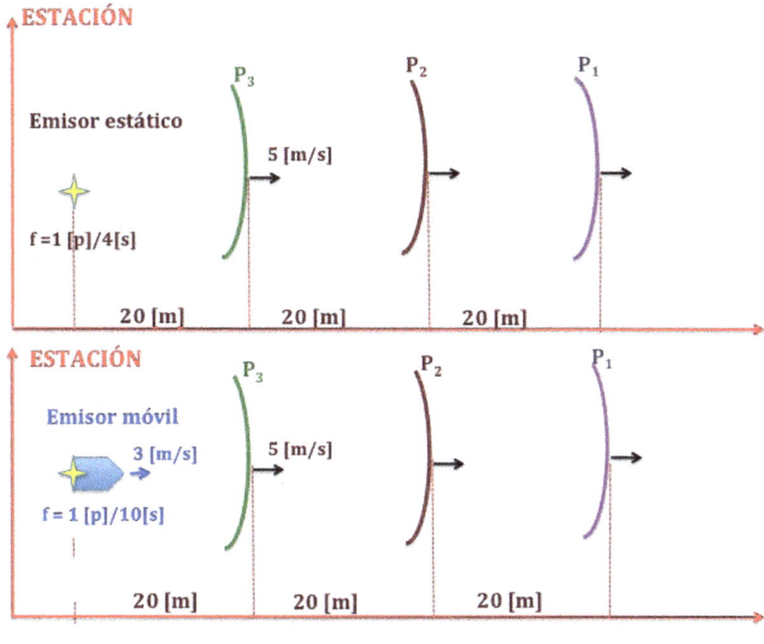

Figura 43

Kreiva: Por tanto, ellos impactan sobre un punto de la Estación con una frecuencia de un pulso cada cuatro segundos.

Fiskajn: Así es. Esta es la frecuencia de recepción de los pulsos emitidos por el Tren móvil, medida por los cronómetros de la Estación.

Capítulo 28
Emisor estático y receptor móvil

El receptor de señales luminosas puede ir a su encuentro o huir de ellas, sin afectarles su velocidad de propagación.

Fiskajn: Ahora se va a examinar el mismo caso estudiado en la sesión anterior, pero tomando al Tren emisor como referente de los movimientos.

Kreiva: En este caso el emisor sería el sistema estático y solo se tendría un centro de propagación para todos los pulsos.

Fiskajn: Ahora, la Estación receptora, se acercaría al centro de propagación de los pulsos con una velocidad de tres metros por segundo.

Novulo: ¿También en este caso se modifica la frecuencia con que son emitidos los pulsos?

Kreiva: No, porque ahora el Tren es el referente de los movimientos.

Fiskajn: De acuerdo. Esa modificación se hizo cuando la frecuencia de emisión se expresaba en unidades de tiempo diferentes a las del sistema donde se propagan los pulsos.

Novulo: ¿O sea que la frecuencia con que se emiten los pulsos en el referénte de los movimientos es un pulso cada ocho segundos'?

Fiskajn: Correcto. Como se siguen empleando los segundos' para el Tren y los segundos para la Estación, la frecuencia propia de emisión en el Tren se mantiene inalterable.

Novulo: ¿Cuál sería ahora la separación entre pulsos consecutivos?

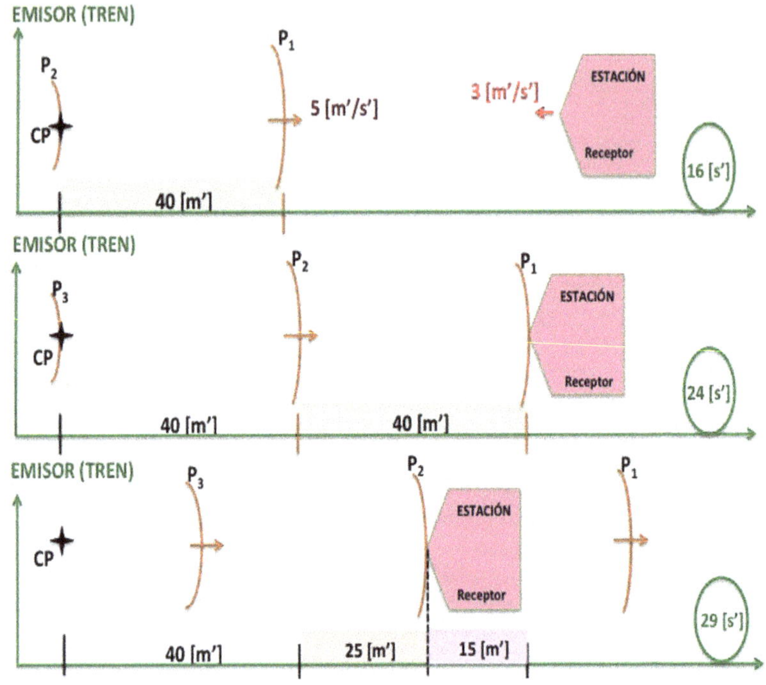

Figura 44

Kreiva: Como estos se propagan en el referente de los movimientos, y se emite un pulso cada ocho segundos', la distancia entre pulsos consecutivos es de 40 metros' en dicho referente.[23]

Fiskajn: Ahora la separación entre pulsos consecutivos es el doble que en el caso anterior, cuando el Tren era el sistema móvil.

Novulo: Entonces ¿cuánto se demora el receptor para interceptar dos pulsos sucesivos?

____

23 Las unidades del Tren como referente de los movimientos siguen siendo metros' y segundos', mientras que las de la Estación móvil siguen siendo metros y segundos.

Kreiva: En la figura 44 se puede ver que el receptor empieza a recorrer la distancia de cuarenta metros' que separa los pulsos P_1 y P_2.

Fiskajn: Claro. Después de haber interceptado P_1, el receptor recorre 15 metros' mientras el pulso P_2 recorre 25 metros' en sentido contrario.

Novulo: Entonces, entre ambos recorren 40 metros'.

Fiskajn: Por lo tanto, el receptor se encuentra con un pulso cada cinco segundos'?

Kreiva: Sí, de acuerdo con los cronómetros del emisor estático; pero hay que traducir esa demora a unidades del receptor móvil, para saber con qué frecuencia son recibidos los pulsos en unidades de ese sistema.

Novulo: Bueno, como la Estación receptora se mueve con una velocidad de tres metros' por segundo', cuatro de sus segundos equivalen a cinco segundos' del emisor.

Kreiva: Entonces, la Estación intercepta un pulso cada cuatro segundos, según sus propios cronómetros.

Kreiva: Exacto. Como puede verse, se produce el mismo cambio de frecuencia que se obtuvo cuando el Tren emisor era móvil y la Estación receptora era el referente de los movimientos.

EPÍLOGO

El éter luminífero tuvo que ser abandonado por tener propiedades contradictorias: altísima rigidez junto a una bajísima densidad. En su reemplazo, la teoría relativista ha tenido un elevado costo para el sentido común. Ahora los cronómetros de cada sistema inercial tienen unidades de diferente tamaño, y los segmentos miden una menor longitud en reposo que en movimiento. Si a esto se agrega que todos los fenómenos naturales, incluidos los biológicos, deben ocurrir de igual manera en cualquier sistema inercial, entonces vivir cuarenta años en una nave espacial puede equivaler a vivir cincuenta o sesenta años en la Tierra.

Además de lo anterior, cuando dos sucesos ocurren simultáneamente en lugares diferentes del sistema móvil, es decir, cuando los punteros de los cronómetros de esos lugares señalan el mismo valor, hay que esperar que transcurra cierto lapso temporal para que el puntero del cronómetro que marcha *atrasado* logre señalar el mismo valor que anticipadamente había señalado el puntero del cronómetro que marcha *adelantado*. Es extraño que deba transcurrir un lapso temporal entre dos sucesos en el propio sistema donde ellos son simultáneos.

Así como se oscurece el significado de la simultaneidad, también cambia de significado el intervalo temporal entre sucesos que ocurren en momentos diferentes y en lugares diferentes de un sistema móvil. Dicho intervalo no corresponde a la demora entre dichos sucesos; es decir, el intervalo temporal no corresponde al número de divisiones que adelantan los punteros de los cronómetros del sistema móvil mientras ocurren ambos sucesos.

Lo anterior desfigura la forma de entender la velocidad en el sistema móvil, pues al medirla con los cronómetros de ese sistema, ya no corresponde a la idea intuitiva que se tiene de ella como *la distancia recorrida mientras los punteros de los cronómetros avanzan una unidad de tiempo.*

Son muchas las consecuencias extrañas de la teoría relativista, pero no por ello son contradictorias. Igual extrañeza debió producir la idea de la redondez de la Tierra y, además, que no estuviera en reposo. O que los cuerpos, por sí mismos, traten de mantener su movimiento en lugar de buscar el reposo.

Es de esperar que dentro de algún tiempo los postulados relativistas logren incorporarse al sentido común como ha ocurrido con la gran mayoría de las ideas innovadoras que permitieron el progreso de la ciencia. Mientras tanto hay que intentar, por todos los medios, de encontrar el camino que permita transformar lo extraño en algo compatible con el sentido común y la intuición.

BIBLIOGRAFÍA

Beckmannn, P., *Einstein plus two*, The Golem Press, USA, 1987.

Brillouin, L., *Relativity reexamined*, Academic Press, USA, 1970.

Cetto, Ana M., *La luz*, Fondo de cultura económica, colección la ciencia para todos, tercera edición, México, 2007.

Darrigol Olivier, *Electrodynamics from Ampere to Einstein*, Oxford University Press, New York, 2000.

Davies, Paul, *Sobre el tiempo, Critica*, Grijalbo- Mondadori, Barcelona, 1996.

De la Peña Luis, *Einstein: navegante solitario*, 5a reimpresión, Fondo de cultura económica, colección la ciencia para todos, México, 2014.

Dingle, H., *Science at the crossroad*, Martin Brian & O'Keeffe, UK, 1972.

Einstein, A., Lorentz, H.A., y otros, *The principle of relativity*, Dover, USA, 2013.

Galison, P., *Einstein's clocks, Poincaré's maps*, Norton & Co. Ltd, USA, 2004.

Hoffmann, B., *Relativity, National Mathematics Magazine*, Vol. 14, N° 1, 1939, pp. 5-25.

Hon, Giora; Goldstein, Bernard, *How Einstein made assymetry disappear: symmetry and relativity in 1905*, Archive for history of exacta sciences, Vol. 59, Nº 5, 2005, pp. 437-544.

Infeld, Leopold, *On Einstein's Theory*, The American Scholar, Vol. 19, Nº 4, 1950, pp. 423-433.

Karles, Jaime, *Los cronómetros, la luz y la transformación de coordenadas espacio-temporales*, Revista Mexicana de Física, Vol. 38, Nº 6, 1992, pp. 951- 967

Klein, H. A., *The science of measurement*, Dover, USA, 2013.

Mach Ernst, *Desarrollo histórico-crítico de la mecánica*, Espasa-Calpe, Argentina, 1949.

Mermin, D., *Space and time in special relativity*, Waveland Press, USA, 1989.

Pais, A., *La ciencia y la vida de Albert Einstein*, Ariel, España, 1984.

Penrose Roger, *El camino a la realidad*, 5ª. Edición, Debate, España, 2014.

Poincare Henri, *El valor de la ciencia*, Espasa - Calpe, Madrid, 3a. edición, 1964.

Reichenbach Hans, *From Copernicus to Einstein*, Dover, New York, 1970.

Rindler, W., *Essential Relativity*, Springer – Verlag, , USA, 1977.

Salmón Wesley C., *Space, time and motion*, 2a. edition revised, University of Minesota Press, Minneapolis, 1982.

Shadowitz, A., *Special relativity*, W.B. Saunders Company, USA, 1968.

Synge, J. L., *Talking about relativity*, North-Holland Publishing Co, Holland, 1970.

Taylor, E.F., *Spacetime Physics*, W. H. Freeman and Company, USA, 1966.

Tonnelat, M. A., *Histoire du príncipe de relativité*, Flammarion, France, 1971.

www.ingramcontent.com/pod-product-compliance
Lightning Source LLC
Chambersburg PA
CBHW050001040726
47599CB00014B/1156